合理膳食
对妈妈和宝宝
都有益处。

孕期、月子里、哺乳期
什么不能吃，什么能吃、该怎么吃
妈妈心里要有谱。

怀孕　坐月子　哺乳期

吃什么

工琪　编著

電子工業出版社
Publishing House of Electronics Industry
北京 • BEIJING

图书在版编目（CIP）数据

怀孕 坐月子 哺乳期吃什么 / 王琪编著. — 北京：电子工业出版社，2018.7
（孕育幸福事 • 好孕系列）
ISBN 978-7-121-34455-8

Ⅰ. ①怀… Ⅱ. ①王… Ⅲ. ①孕妇－妇幼保健－食谱 ②产妇－妇幼保健－食谱
Ⅳ. ①TS972.164

中国版本图书馆CIP数据核字（2018）第125646号

策划编辑：牛晓丽
责任编辑：张 慧 特约编辑：张燕虹
印 刷：北京富诚彩色印刷有限公司
装 订：北京富诚彩色印刷有限公司
出版发行：电子工业出版社
北京市海淀区万寿路173信箱 邮编：100036
开 本：720×1000 1/16 印张：12.5 字数：240千字 彩插：1
版 次：2018年7月第1版
印 次：2018年7月第1次印刷
定 价：58.00元

凡所购买电子工业出版社图书有缺损问题，请向购买书店调换。若书店售缺，请与本社发行部联系，联系及邮购电话：（010）88254888，（010）88258888。

质量投诉请发邮件至zlts@phei.com.cn，盗版侵权举报请发邮件至dbqq@phei.com.cn。

本书咨询联系方式：QQ 9616328。

前言

“吃货”妈妈孕期很难过，月子里也难过，最怕听到就是“这个不能吃，会滑胎”，“孕期要多吃这个，对胎儿好”……简直纠结坏了一颗“吃货”的心。

本书旨在解决这个问题，它告诉我们在孕期、月子里、哺乳期，一些常见的食材到底能不能吃，怎么吃才最安全。

对书中列出的近200种日常食材，引经据典地解析了在孕期、月子里、哺乳期的不同阶段是否能吃，应该多吃还是少吃，原因是什么，并给出了具体的食用建议，让你明白怎么吃更健康、更营养。

有了这本书，妈妈们再也不用纠结能不能吃的问题了。祝亲爱的准妈妈、新妈妈们吃得愉快、吃得健康。

王瑾

目录

蔬菜……15

水果……69

肉、蛋、禽……116

水产品……140

五谷杂粮……164

其他食物……184

少吃、慎吃、忌吃的食物速查

孕期 少吃、慎吃、忌吃的食物速查

孕期应少吃的食物

孕期应慎吃的食物

孕期应忌吃的食物

月子里 少吃、慎吃、忌吃的食物速查

月子里少吃的食物

月子里慎吃的食物

月子里忌吃的食物

哺乳期 少吃、慎吃、忌吃的食物速查

哺乳期少吃的食物

哺乳期慎吃的食物

哺乳期忌吃的食物

孕产哺乳期营养摄入总原则

营养均衡

含蛋白质丰富的肉类、鱼类、奶类、蛋类，含碳水化合物丰富的谷物类，含矿物质和维生素丰富的蔬菜、水果类，都要按适当比例食用。同时，每一大类中的食物，也要多变换选择，比如荤食类，中午吃肉，晚上就可改为吃鱼。肉和鱼虽然同为蛋白质丰富的食物，但蛋白质构成是不同的，轮换着吃更能保证营养均衡。

重点强调钙、铁摄入

相比于其他营养素，孕期和产后需要多摄入一些铁和钙，以满足原期胎儿发育需求和自身的需求，必要的时候可用制剂补充。

摄取量合适

孕期和哺乳期消耗的能量较大，不少人总担心营养不够，认为应该多吃点。这种想法是对的，但应控制摄入量，如果摄入营养过多，可能导致孕期胎儿过大或哺乳期肥胖，影响健康。

种类丰富

每天除了水之外，最好还要摄取20种食物，这其中还包括烹调中使用的配料、调料，如葱、姜、蒜等。种类丰富在一定程度上对保证营养均衡有作用，你可以尝试着记录每餐饭的食材并且比较每两餐和每两天的食材变化，发现重复太多或者种类太少，就要注意去做些改变，无论是自己烹调买菜还是外出就餐点菜，都可以贯彻这一原则。

食物的颜色大体上有白、黑、红、绿、黄，比如白色的大米、笋、茭白，黑色的黑米、黑豆、黑芝麻，红色的红枣、胡萝卜、草莓，绿色的各色绿叶菜，黄色的玉米、南瓜、橙子等，五色兼顾，营养更丰富、全面。

均衡营养的饮食金字塔①

油、盐

食用油每日25~30克

盐每日应控制在6克 以下

奶类、奶制品、大豆类、坚果类

奶类及奶制品每日300克

大豆类和坚果类每日30~50克

畜禽肉类、鱼虾类、蛋类

鱼、肉、蛋每日共150~225克，其中肉每日50克~75克 即可

蔬菜类和水果类

蔬菜类每日300~500克

水果类每日200~400克

谷类、薯类及杂粮

每日250~400克

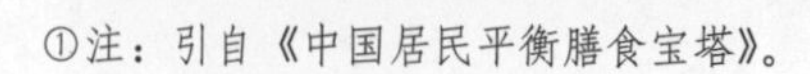

①注：引自《中国居民平衡膳食宝塔》。

蔬菜

菠菜性凉、滑，味甘，归肝、胃、大肠、小肠经，有养血止血、平肝润燥的功效。

孕期 少吃

菠菜中含大量草酸，草酸会妨碍小肠对铁的吸收，也会和钙、锌结合，降低其吸收率，对胎儿发育不利，因此孕期不要吃太多菠菜。如果孕期便秘或有痔疮，大便不畅时则可以吃些菠菜缓解，《本草求真》说菠菜“质滑而利，凡人久病大便不通，及痔漏关塞之人，咸宜用之”。

月子里 慎吃

分娩后，胎盘从子宫剥落，留下一个很大的创面，性寒凉的食物不利于创面愈合，也不利于子宫功能恢复，所以月子初期最好不吃菠菜，月子晚期可以少量食用。

哺乳期 少吃

妈妈分泌乳汁，会消耗体内大量营养，特别是钙，每 100 毫升母乳就含有 35 毫克钙，所以哺乳妈妈对钙的需求量很大，容易缺钙，大量吃菠菜会加重缺钙，对乳汁质量和哺乳妈妈自身健康都不利。

怎么吃更营养

开水焯熟

无论采用哪种烹调方式，在烹调之前都要把菠菜放入开水中焯一下，这样可以减少菠菜中的草酸，减少对钙、铁、锌的消耗。

菠菜 + 鸡蛋

可提高维生素 B_{12} 的吸收率。

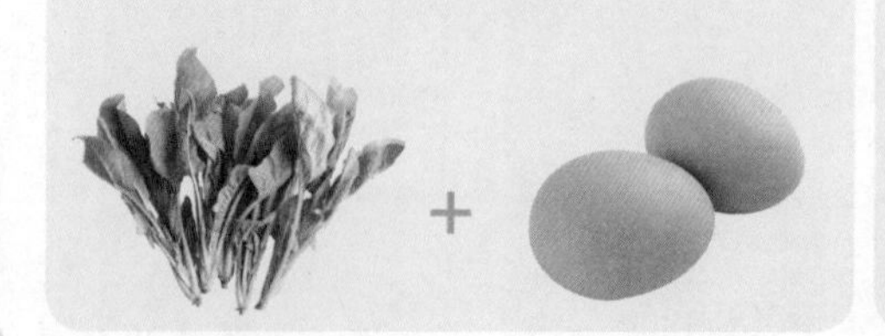

菠菜 + 海带

菠菜吃太多，体内容易沉积钙化物，形成结石，如果搭配海带一起吃，就能预防。

空心菜

空心菜性凉，味甘，无毒，有清热解毒、预防龋齿、降血糖的功效。

孕期
少吃

《本草纲目》认为空心菜"捣汁和酒服，治产难"，说明空心菜有催产的作用，所以，孕妈妈要慎吃空心菜。尤其在易流产的孕早期和易早产的孕晚期，最好忌吃。孕中期可以吃一些，但要少量，也不要经常吃。

月子里
哺乳期
宜吃

空心菜含有丰富的纤维素、木质素和果胶等，可促进肠道蠕动，有通便、解毒作用，且有消炎杀菌的功能，月子里吃一些可帮助预防产褥期感染。另外，空心菜含有丰富的维生素 C 和胡萝卜素，可帮助新妈妈提升免疫力，并提升母乳质量。如果体质虚弱，恢复得不是很好，则最好少吃。

选购与清洗

空心菜要选嫩的，须根不能太长，不能有硬刺，用手掐一下，不容易掐断就表明老了。此外，只要无黄斑、烂叶子，新鲜、坚挺就可以了。因为空心菜比较招虫害，需要喷洒较多农药，所以食用前应先用清水冲洗两遍，再用盐水浸泡 20 分钟左右。

怎么吃更营养

空心菜 + 橄榄油

空心菜尽量用橄榄油炒或拌，有抗老作用。

空心菜 + 鸡肉

能降低胆固醇吸收。

芹菜

芹菜性凉，味甘、微苦，归肝、胃二经，有平肝凉血、清热利湿、利水消肿的功效。

孕期宜吃

孕初期食用芹菜可减轻恶心、反胃，也可增进食欲。另外，芹菜中含有镇定神经的物质，孕期有失眠、情绪烦躁的时候不妨吃一些。而且芹菜还是一种很好的降压食品，如果患有妊娠高血压，可常吃。芹菜中丰富的纤维素可预防孕期便秘，还能刺激肠道，提升免疫力，粗纤维还可以帮助清理牙齿，预防孕期患龋齿。

月子里 哺乳期宜吃

芹菜能提升免疫力。《本草纲目》记载芹菜“保血脉，益气，令人肥健嗜食”。月子里食用芹菜能促进食欲，帮助新妈妈快速恢复，并预防疾病。如果月子里上火、感冒了，可以适当吃一点芹菜，促进恢复。芹菜含有丰富的铁质，产后吃芹菜可以补铁、补血。哺乳妈妈常吃芹菜能预防内热积聚，避免宝宝上火。不过，产后虚弱、脾胃寒凉的新妈妈不宜吃芹菜。

选购与清洗

芹菜要选颜色浅淡的，叶色浓绿的粗纤维，口感粗糙。此外，只要叶片平直、坚挺就可以了，说明比较新鲜。烹调前要把芹菜在清水里泡20分钟左右，然后洗两遍。注意切段后不宜浸泡，否则导致营养流失。

怎么吃更营养

茎叶都吃

芹菜的叶子比茎营养更丰富，应连同茎一起吃。

生熟皆可

芹菜生吃，营养流失最少。芹菜的心最嫩，适合生吃，凉拌即可。外层的比较老可以炒着吃。

鸡胗芹菜

材料：鸡胗200克，芹菜250克，淀粉10克，酱油、盐、料酒、白糖各适量。

做法：1. 鸡胗洗净，切片。

2. 淀粉加水、酱油、料酒、白糖，调成糊状，再放入鸡胗片拌匀。

3. 芹菜择洗净，切段，用热水焯一下，沥干。

4. 锅置火上，放适量油，油八成热时加入鸡胗片，迅速炒散，变色时放入芹菜段，翻炒几下，最后加入盐即可。

功效：鸡胗中含有丰富的蛋白质和各种微量元素，且口感爽嫩不油腻，胃口不佳的孕妈妈可以适当食用。

莴苣

莴苣性凉，味苦，微毒，归肠、胃经，有通经脉、清胃热、清热利尿的功效。

孕期 少吃

《随息居饮食谱》记载莴苣“微辛微苦，微寒微毒，病人忌之”。孕妈妈所处的时期与病人有共通之处，应该少吃莴苣，以避免伤害子宫，影响胎儿发育。况且莴苣还有小毒，其中的生化物对视神经有刺激作用，食用过多会损伤视力，可能出现头昏嗜睡的中毒反应，所以不宜多吃。

月子里 少吃

月子里可以吃莴苣，莴苣含有比较丰富的锌、铁，而且铁的吸收率很高，月子期食用莴苣能预防贫血。但因为其性凉，不能吃太多，也不能吃太早，最好在月子后期少量食用，煮粥时放一些莴苣丝就可以了。

哺乳期 宜吃

莴笋有一定的下奶作用，能预防乳腺炎，另有促进食欲的功效，可帮助哺乳妈妈保证奶质奶量。另外，莴苣含有莴苣素，具有镇静作用，对睡眠质量有改善作用，这对哺乳期缺觉的妈妈有一定益处。

选购与清洗

莴苣要选表皮颜色发白、光洁的，这样的莴苣嫩并且新鲜，口感好。莴苣要削皮食用，把白色的经络全部削掉。莴苣叶子也可以食用，可先在盐水里浸泡 20 分钟左右，再冲洗干净。

怎么吃更营养

莴苣 + 猪肉

可以清胃热，促进食欲。

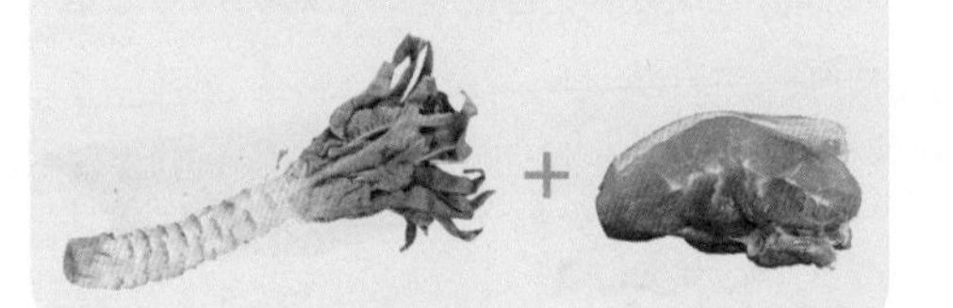

莴苣粥

材料： 莴苣 30 克，猪瘦肉 30 克，粳米 50 克，盐、香油各适量。

做法： 1. 莴苣切丝，猪瘦肉切末，粳米淘洗干净。

2. 将莴苣丝、猪瘦肉末及粳米放入锅内，加水约 400 毫升，中火煮。

3. 煮至米烂汁稠时，放入盐及香油，稍煮片刻后即可食用。

功效： 可以调养气血、调五脏，促进妈妈身体复原。

生菜性凉，味苦，无毒，归小肠经、胃经，有清肝利胆、清热养胃的功效。

孕期 少吃

生菜含有莴苣素，有镇痛催眠、清热提神的作用，孕妈妈如果有失眠问题可食用一些生菜。生菜还可降低体内胆固醇，适当食用也有辅助预防妊娠高血压的作用。而其中甘露醇有利尿功效，可帮助缓解孕期水肿。其中还含有一种干扰素诱生剂，可刺激人体产生抗病毒蛋白，帮助人体抑制病毒，减少生病。不过尿频、胃冷的孕妈妈则不适合食用。

月子里 少吃

《本草纲目》说："产后不可食，令人寒中，小肠痛。"产后身体及子宫喜欢温暖的环境，凉性的生菜不利于子宫和身体恢复，在刚分娩完的几天内不要吃，否则会出现腹痛，影响子宫恢复。

哺乳期 宜吃

生菜有通乳的功效，生菜中的膳食纤维可消除体内多余脂肪，所以，在月子后期和哺乳期可以吃一些，对哺乳和产后恢复会有帮助。

选购与清洗

挑选生菜，应先看叶子颜色，要选青翠且有光泽的。再看根茎，要选干净、白色的，底部断口也要干净，不要有锈斑的。有锈斑的说明不新鲜了。生菜叶片上褶皱多，比较难清洗，要耐心地一片片清洗。在清洗之前可用淡盐水浸泡 20 分钟左右，去除农药。

怎么吃更营养

熟吃

生菜生吃口感也很好，但是孕妈妈最好熟吃。熟吃能消减一些寒气，最重要的是更卫生一些，避免摄入过多细菌，引起腹泻。

生菜 + 海带

与海带搭配，生菜中的维生素 C 可促进海带中的铁吸收，孕妈妈和新妈妈都可以这样吃。

香菜性温，味辛，微毒，归脾经、肺经，有消失下气、醒脾调中、和胃祛寒的功效。

孕期 慎吃

胎不稳的孕妈妈不要吃，香菜具有一定的活血功效，而且香菜性温，大量食用，热气在体内聚集就会引起宫缩，导致流产，所以建议本身容易上火、有口臭、有目糊的孕妈妈不要吃香菜。体质平和的孕妈妈，在孕中期可少量食用香菜。

月子里 忌吃

《医林纂要》说多食香菜会“耗气”，有损人的精神、对眼睛不利的缺点。《本草经疏》认为气虚的人不宜吃香菜。产后，新妈妈大都气虚，吃香菜会加大损耗，不利于身体恢复。

哺乳期 慎吃

香菜也能引起一些人过敏，小宝宝容易过敏，哺乳妈妈吃香菜要谨慎些。如果宝宝本身就有湿疹、腹泻等问题，哺乳妈妈尽量不吃香菜。

选购与清洗

细、矮的香菜味道更浓郁，粗、高的味道较淡，可根据自己喜好选择。只要新鲜，没有黄叶、烂叶就可选购。另外，只要根部饱满，没有虫眼就行。香菜叶子小，比较难清洗，可以在水里放些面粉，用来吸附香菜上的脏污，最后冲净即可。

怎么吃更营养

做调味

香菜不适合大量食用，做调味料即可，做汤、拌凉菜或者炒菜的时候放一两棵即可。

香菜胡萝卜丝

材料： 胡萝卜200克，香菜、味精、姜、酱油、香油、盐各适量。

做法： 1. 将胡萝卜洗净，削皮，切细丝，晾干待用；嫩姜去皮切丝。香菜拣去黄叶，洗净切段。

2. 将胡萝卜丝放在温开水中泡软，取出挤干水分，同姜丝拌匀装盘，上面放香菜。

3. 取小碗一个，放酱油、盐、味精、香油调成汁，浇在胡萝卜丝上即成。

功效： 降血脂、益心气。

莼菜性寒，味甘，无毒，归肝、脾经，有清热、利水、消肿、解毒的功效。

孕期 少吃

中医认为莼菜性寒，对子宫不利，月经期、孕期及产后都不应该吃莼菜，“多食腹寒痛”，并容易“困脾胃”，孕妈妈脾胃本来较弱，更不宜多吃和久吃莼菜了。《千金食治》还认为莼菜“多食动痔病”，主要因为莼菜伤津，会过度消耗体内水分，所以容易生痔疮。孕期少量吃一点莼菜则有助于消除水肿、预防贫血，上火时食用还能清热解毒，但不宜多吃。

月子里 哺乳期 少吃

莼菜性寒，产后食用莼菜不利子宫恢复，特别是在产后 2 周内、子宫内创面还没有愈合时忌吃。另外，月子里，新妈妈脾胃功能较差，有的人虚寒，吃太多莼菜会引起消化不良、腹部疼痛，而且不利于子宫恢复，不宜多吃。在产后 2 周后和哺乳期，如果上火，可以少量吃一些，《医林纂要》说它可“除烦、解热”。但不宜多吃，因为莼菜性寒，宝宝肠胃虚弱，母乳太过寒凉，会引起宝宝腹泻、腹痛。

怎么吃更营养

适量食用

莼菜伤津，多食容易便秘并引发痔疮，还会腹痛，每次食用建议不超过 30 克。

莼菜 + 鱼类

莼菜搭配鲫鱼做羹，《本草纲目》记载有下气止呕的作用，在孕早期反胃、呕吐的时候可少吃一点。与鲤鱼、黄鱼搭配，营养也很全面。

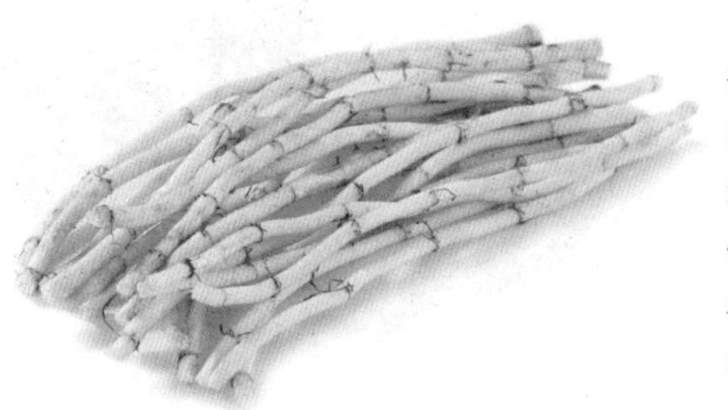

折耳根味辛，有小毒，归肺、肝、大肠经，有清热解毒、利水消肿、镇痛的功效。折耳根还有一个广为人知的名字——鱼腥草。

孕期 少吃

折耳根即鱼腥草，气味特殊，有的人爱之入骨，有的人避而远之，建议不要多吃。《别录》记载：“多食，令人气喘。”《本草纲目》记载：“久食，发虚弱，损阳气，消精髓。”平常人都不宜多食，孕妈妈就更不宜多吃了。

月子里 哺乳期 少吃

折耳根有抗菌作用，而且有助于增进机体免疫能力，但是毕竟药用性大于食用性，月子里和哺乳期都不宜多吃、常吃。哺乳期如果大量食用，可能引起体质上的变化，影响泌乳。

木耳菜

木耳菜性凉，味甘、淡，归心、肝、脾、大小肠经，有滑肠通便、清热利湿、凉血解毒、活血的功效。

孕期 忌吃

《中华本草》载明木耳菜“脾冷人，不可食。孕妇忌服”，主要是因为木耳菜性凉，而且有活血功效，孕妈妈食用后可能造成流产、早产，有习惯性流产的准妈妈要特别注意。

月子里 忌吃

木耳菜活血，新妈妈食用会增加创面出血，不利于子宫恢复，也会增加恶露排出时间，导致新妈妈贫血或者引起产褥感染。

哺乳期 宜吃

哺乳妈妈可适当食用一些木耳菜，木耳菜的钙、铁元素含量都比较高，哺乳妈妈适当食用有利身体后续恢复，对保证母乳质量也有帮助。

油菜性温，味辛，归肝、脾、肺经，有消肿解毒、散血、滑肠的功效。

孕期 慎吃

《本草纲目》认为油菜可治疗“产后血风及瘀血”，说明油菜有破血、活血的功效，孕期食用有可能引起流产、早产，孕妈妈必须谨慎食用。在孕早期尤其要注意，习惯性流产的人忌吃油菜。

分娩时 宜吃

《本草求真》认为油菜“长于行血破气”，还记载了一首歌谣，说油菜“难产之时能救急”也就是说油菜可以用来催产。分娩前可以吃些油菜促进产程。

月子里 哺乳期 宜吃

《本草纲目》说油菜“破血，故产妇宜食之”，产后食用油菜可以帮助恶露排出，如果新妈妈有产后瘀血腹痛情形，可多吃油菜。如果是剖宫产，更应该多吃油菜，油菜有修复黏膜的作用，能促进伤口尽快愈合。而且油菜适合哺乳期食用，不但能丰富乳汁营养，而且有药用性，《新修本草》记载油菜可治疗“乳痛”，能治疗急性乳腺炎。

选购与清洗

油菜建议选小的、短的、淡绿的，这样的口感更软糯。另外选嫩的，轻轻一掐就断的，更嫩。但是不要选特别鲜嫩的油菜，农药残留可能较多。洗的时候要一片叶子一片叶子地掰开，流动水冲掉底部的泥土，再用清水浸泡清洗一下。

怎么吃更营养

油菜 + 鸡肉

可强化肝脏功能。

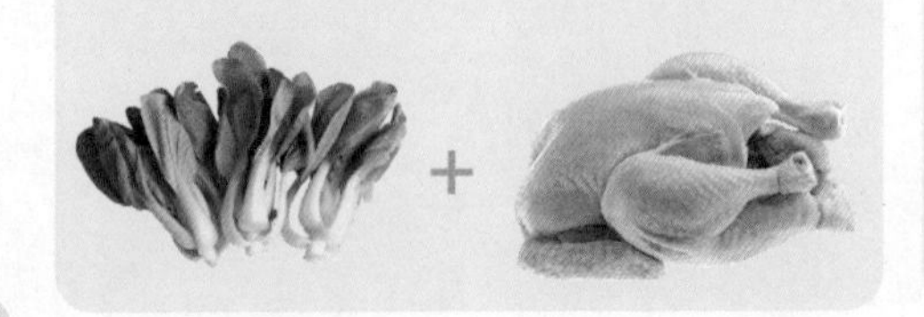

油菜 + 豆腐

可生津止渴、清热解毒。

大白菜

白菜性平，味甘，无毒，归胃、大肠经，有清肺热、通利胃肠、消食下气的功效。

孕期宜吃

《滇南本草》认为白菜“通利肠胃、养胃和中、利小便”，《随息居饮食谱》则说其“养胃”，孕妈妈食用有助消化，也可预防便秘，利尿消肿，孕妈妈在孕后期食用是很好的。如果孕妈妈上火、咳嗽、有痰了，还可以多吃白菜缓解症状。孕早期呕吐、打嗝也可多吃白菜，白菜下气，可减轻反胃、嗳气症状。

月子里 哺乳期 宜吃

大白菜含有丰富的维生素 C、维生素 E，有助于消除脸上的黄褐斑。大白菜中的纤维素可清洁肠道，能帮助孕妈妈排除体内积聚的毒素，月子里和哺乳期都能吃。另外，月子里滋补比较多，容易上火，还可以吃大白菜清火。

选购与清洗

腐烂的大白菜不能吃，如果白菜上半部分松软，说明里面的叶片可能腐烂了，根部也不能有腐烂的坑。

白菜心是最后从里面长出来的，这时外面的叶片已经闭合，所以菜心几乎没接触过农药，只要简单冲洗一下就可以了。外面的几层需要先浸泡再清洗两遍，要一片一片地搓洗。

怎么吃更营养

烹调加醋

亚硝酸盐是致癌物，烹调大白菜时加点醋可以预防亚硝酸盐的形成。

现煮现吃

烹调好的大白菜会慢慢地产生亚硝酸盐，要现煮现吃，不要隔夜吃。

大白菜 + 牛奶

可补虚损、清润肠胃。

大白菜 + 鲤鱼

可消水肿。

卷心菜性平，味甘，归脾、胃经，具有清热止痛、抗氧化、强筋健骨的功效。

孕期宜吃

《证类本草》记载卷心菜能“补骨髓，利五脏六腑，利关节，通经络，明耳目，健人，少睡，益心力，壮筋骨”，卷心菜的保健功效很好，且热量低、含糖量低，孕期食用能提高免疫力，也不会发胖。另外，卷心菜含有丰富的叶酸，孕期常吃卷心菜可以预防胎儿神经管缺陷。孕早期犯困、嗜睡的时候可以吃卷心菜提神。

月子里 哺乳期宜吃

吃卷心菜可开胃，还有促进消化的作用，新妈妈吃些卷心菜有利于营养的充分摄入和吸收，对产后恢复、下奶都有利。卷心菜还含有植物杀菌素，有消炎杀菌的功效，另外还有抗氧化、抗癌的作用，在月子里、哺乳期食用对肠道、皮肤等都有保护作用。

选购与清洗

卷心菜要选按压上去感觉紧实但可略向下凹陷的，拿起来感觉沉甸甸的，叶片绿色有光泽的都是新鲜的。叶片已经发白的口感不太好。

卷心菜容易积聚农药，清洗的时候要把叶片都掰下来，最好能在盐水中浸泡一两个小时，然后彻底冲洗干净。

怎么吃更营养

冷藏几天

买回来的卷心菜可以放入冰箱冷藏几天，维生素含量会有所上升。

卷心菜 + 西红柿

益气生津。

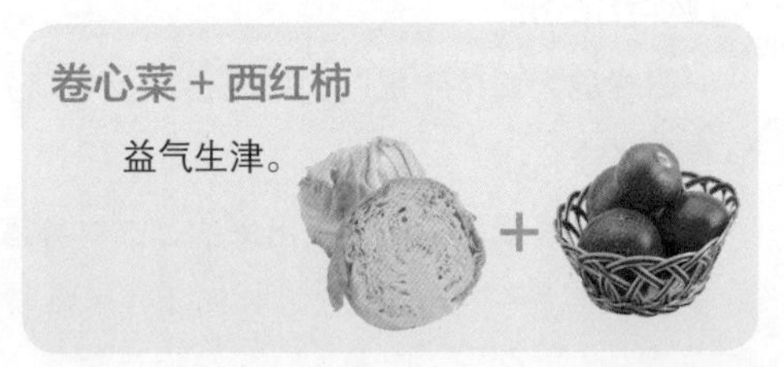

卷心菜番茄汤

材料： 卷心菜 300 克，番茄 1 个，油、盐适量，姜少许。

做法： 1. 将卷心菜洗净后切碎，番茄洗净去蒂后切块。

2. 烧一锅水煮开，放入卷心菜、少许油和姜，先让卷心菜多煮一会儿时间，待软后将番茄块放入锅中一起煮。

3. 稍煮片刻后加入盐调味即可。

功效： 味道鲜美，维生素含量高，且番茄有美容养颜的作用。

茼蒿性温，味辛、甘，归脾、胃经，有调和脾胃、利小便、化痰止咳的功效。

孕期 少吃

茼蒿有很好的保健作用，但《本经逢原》指出茼蒿“性温气浊，能助相火”，“多食动风，气熏人心，令人气满”。常人吃茼蒿也不能太多，孕妈妈容易上火，更要少吃。少吃一些则有益身体，可以预防便秘、助消化，也可安神、消水肿、降血压，预防妊娠高血压，其中的挥发油可以开胃。而且，茼蒿的叶酸含量高，能辅助预防胎儿神经管缺陷。

月子里 哺乳期 少吃

《本草纲目》记载茼蒿能“安心气，养脾胃，消痰饮，利肠胃”。月子里情绪不安、胃口不好或者有便秘等问题，都可以吃茼蒿。产后体内多余的水分也会集中排出，吃茼蒿也利水。而且，在产后几天就可以吃了。不过也不宜多吃。吃粥、饭时可以当下饭菜吃一些。

茼蒿性温、能助火，哺乳期也应少吃，以免上火，否则容易引起宝宝上火。

选购与清洗

购买茼蒿要选茎短、细、叶茂的，茎秆不能太粗，口感很硬、很柴。用手指掐一下根部，能轻易掐断且水分充足的就是新鲜且幼嫩的。

茼蒿叶片比较嫩，清洗时不能用力搓，以免搓烂。水中加一把面粉或者用淘米水泡一些茼蒿，过一会儿清洗就能把细小叶片都洗干净了。

怎么吃更营养

快速加工

如果炒着吃，要用大火快速翻炒，如果凉拌在开水中快速汆汤一下就要捞出，以免其中芳香油挥发，味道和营养都会打折扣。

茼蒿＋肉、蛋

茼蒿含有比很多蔬菜都多的胡萝卜素，与肉、蛋等荤菜搭配，胡萝卜素的吸收率会提高。

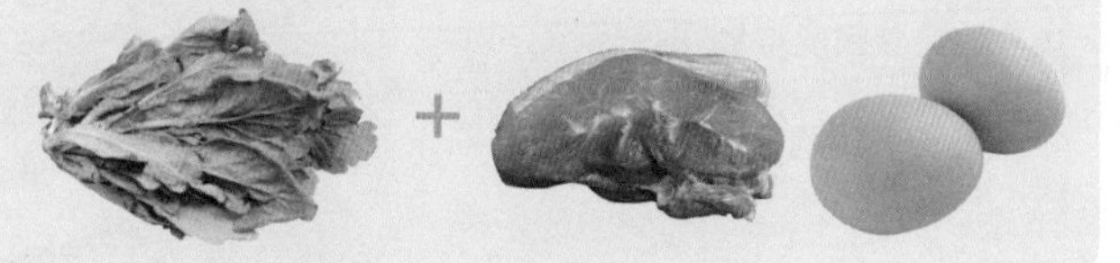

油麦菜性寒，味苦，无毒，归心、胃、脾经，有清热解毒、凉血润肺等功效。

孕期宜吃

《本草纲目》记载油麦菜可以治疗痔漏，适当食用可以预防孕期便秘。情绪不稳、心情烦躁时食用也有益处，《医林纂要》说油麦菜有“泻心止暑，去热除烦”的功效。孕期也比较容易消化不良，可以吃油麦菜缓解，《滇南本草》说其可“发肚腹诸积”。不过，胃寒、尿频的孕妈妈不能吃。

月子里 哺乳期 少吃

油麦菜寒凉，不应该在月子里大量食用，以免体内聚集寒气，不利于子宫和身体恢复。可在月子晚期适当食用一些。在月子后期可以睡前用油麦菜榨一杯汁饮用，能安神，提升睡眠质量。

《医林纂要》说油麦菜有通乳的功效，哺乳期可适当食用，但不要大量食用，以免乳汁寒凉，宝宝肠胃敏感，可能会因此腹泻。

选购与清洗

油麦菜水分流失较快，选购最好是在早上，嫩的口感好，味道清香。看下根部，根部分节少的娇嫩，如果分节很多则已经老了。此外，只要没有黄叶、烂叶就可以了。

油麦菜不堪搓洗，用淘米水或者水中加面粉浸泡，再用清水冲洗即可。

怎么吃更营养

清炒、凉拌

油麦菜也可生吃，不过孕妈妈、新妈妈最好熟吃，以避免过分寒凉，也避免摄入细菌。油麦菜几乎遇热就熟，用蒜蓉大火快速炒几下或者开水氽烫后拌酱油食用都是经典吃法，其营养都能得到很好保留。用开水氽烫时，在水里滴入适量色拉油，油麦菜口感会更嫩滑。

韭菜

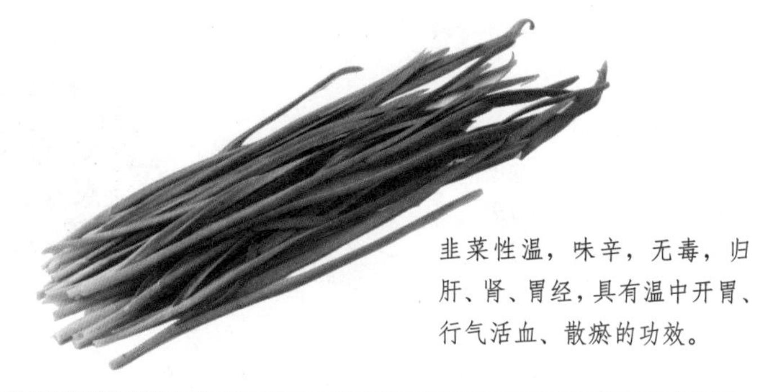

韭菜性温，味辛，无毒，归肝、肾、胃经，具有温中开胃、行气活血、散瘀的功效。

孕期慎吃

韭菜有行气活血、散瘀的作用，有增强子宫收缩的功能，这就意味着孕期要慎吃，特别是在孕早期，胎儿还不稳，容易受到刺激而流产，因此不要吃韭菜。另外，有流产前兆或者习惯性流产问题的孕妈妈最好不要吃。

月子里宜吃

月子里前几天是身体排出体内多余水分、残留恶露的时间，此时可以吃韭菜，《本经逢原》记载韭菜“利水、散血”，这就说明韭菜非常适合产后头几天食用。而且，韭菜有很强的通便作用，产后肠道因为被子宫最大限度地挤压过，所以排便往往不顺利，吃韭菜能助排便。不过，如果恶露特别多或者时间比较长，则不适合继续吃韭菜。

哺乳期忌吃

韭菜有抑制乳汁分泌的功效，从而导致母乳不足，建议哺乳妈妈最好不吃韭菜。

选购与清洗

韭菜有宽叶的和窄叶的，宽叶的口感好，窄叶的味道浓郁，可根据自己的需要选择。吃火锅应尽量选宽叶的，用来调味的就选窄叶的。

清洗韭菜之前要把根部最外面一层剥掉，然后用清水泡洗两遍再冲洗一遍，食用前用刀再把根部切掉一小段就干净了。

怎么吃更营养

按季节食用

《本经逢原》说韭菜“春食宜人，夏食臭，冬食动宿疾”，《本草衍义》说其“冬食动痰”，所以春天吃韭菜最好，如果是冬天坐月子，最好不要吃了。

适量食用

不过，韭菜也不宜多吃，吃多了容易“昏神损目”。一天只能吃一小把。

韭菜炒肉丝

材料： 韭菜 100 克，猪肉 80 克，盐 2 克，淀粉 5 克，酱油适量。

做法： 韭菜洗净切段；猪肉洗净切丝，肉丝用酱油及淀粉拌匀，腌制 10 分钟。中火加热炒锅中的油，放入肉丝煸炒，肉丝转白后，放入韭菜段一起翻炒 1 分钟，加入盐调味即可。

功效： 通便温胃。

苋菜

苋菜性寒，味甘，有清热解毒、利尿除湿、通利大便的功效。

孕期 慎吃

苋菜性寒，食用后容易引起宫缩，导致流产。《食疗本草》记载：“苋菜与马齿苋为细末，等份，与妊娠人常服，令易产也。”《本草纲目》说其“滑胎”，都指出孕期常吃苋菜容易流产，所以孕妈妈最好别吃了，特别是不能大量、长期食用。

分娩时 宜吃

如果已经临产，则可以多吃苋菜，有缩短产程、催产作用。《本草求真》记载：“红苋入血分善走。故与马苋同服能下胎。或煮食之。令人易产。”

月子里 少吃

月子里身体虚弱、脾胃功能低下，苋菜寒凉，食用后容易引起消化不良,影响产后恢复，最好少吃。

哺乳期 慎吃

哺乳妈妈吃苋菜，苋菜的寒凉属性可能会影响宝宝，引起腹泻。

蒜薹

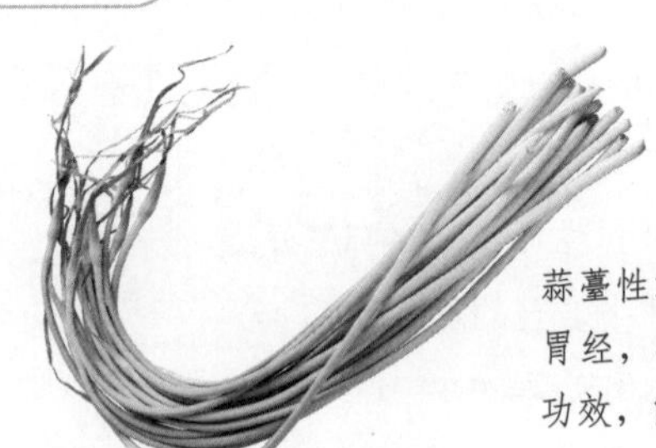

蒜薹性温，味辛，归脾、肺、胃经，有醒脾胃、助消化的功效，能防癌、杀菌。

孕期 宜吃

蒜薹含有大蒜素，能杀菌，可增加孕妈妈的免疫力。其中的纤维素可增加肠胃蠕动，可防治便秘、预防痔疮。不过，蒜薹粗纤维含量多，不容易消化，不宜多吃。另外，蒜薹性温，上火的孕妈妈还是不吃为好。

月子里 哺乳期 少吃

蒜薹纤维较粗，咀嚼费劲，新妈妈消化功能差，牙齿也有一定的松动，过多吃蒜薹对肠胃和牙齿保健都不好。偶尔食用时，一定要煮熟烂。

蒜薹性温，有辛辣味，刺激性比较大，哺乳妈妈应该少吃，特别是宝宝有上火、便秘或者腹泻问题时更应该少吃。

尖椒、青椒

二者性味都属性热，味辛，归心、脾经，有温中散寒、开胃消食的功效。

孕期 少吃

孕妈妈体内容易积聚热气，尖椒和青椒都属性热，吃多了容易上火。体内积聚热气也会导致胎儿不稳，而且辛辣刺激食物吃多了容易产生胎毒，宝宝出生后更容易患上湿疹。孕期应少吃尖椒和青椒，不能天天、顿顿吃。肠胃不好、易便秘、患痔疮的孕妈妈尤其不要多吃尖椒。

月子里 宜吃

月子里怕凉，或不慎受了风寒，或住的地方阴冷、潮湿，也可以适量吃一些不是很辣的尖椒助发散风寒，《药性考》说辣椒“温中散寒，除风发汗，去冷癖”。辛辣的尖椒不要吃，可吃青椒，但应适量。

哺乳期 慎吃

尖椒对肠胃刺激较大，有的哺乳妈妈吃尖椒后，宝宝会腹泻。新妈妈吃尖椒要看宝宝的反应，有腹泻、湿疹问题的尽量不吃辣椒。青椒也不宜多吃，即使不辣也会累积热气，让宝宝上火。

怎么吃更营养

熟透

尖椒或者青椒都要熟透，这样刺激性会降低很多。半生不熟的最刺激。

尖椒或青椒 + 虾

可促进消化、增加免疫力。

尖椒或青椒 + 羊肉

可以去膻味。

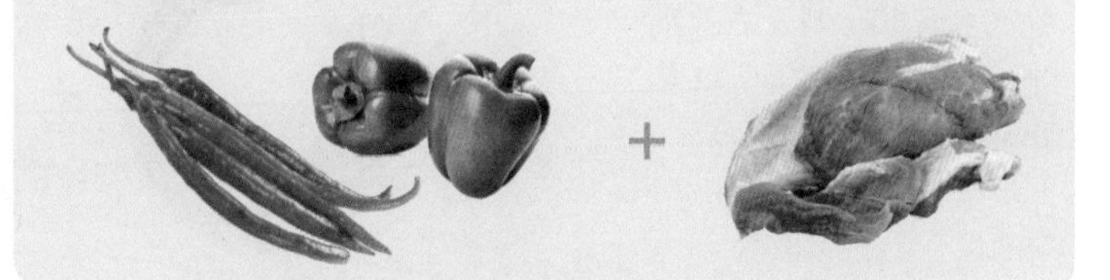

豇豆性平，味甘咸，无毒，归肾、胃经，有补肾健胃、理中益气、消食的功效。

孕期宜吃

豇豆富含的B族维生素能促进体内消化腺分泌和胃肠蠕动，还能抑制胆碱酶活性，所以有助消化的作用，可帮孕妈妈增进食欲。另外，豇豆含有磷脂，磷脂有促进胰岛素分泌的作用，常吃豇豆在一定程度上可防治妊娠糖尿病。如果孕妈妈患有妊娠糖尿病，可将豇豆作为主要蔬菜经常吃。

月子里 哺乳期 宜吃

豇豆性平，避开了月子里怕寒凉的忌讳，新妈妈可以吃，即使刚分娩完也能吃，哺乳期吃也没问题。豇豆中丰富的维生素C和高质量的蛋白质有助于子宫创伤的愈合，也可增强机体抵抗力，帮助新妈妈预防月子里、哺乳期感冒，还能促进乳汁分泌。

选购与清洗

豇豆要选淡绿色的，不能太白，也不能太绿，表皮不能有裂口、皱纹、虫斑。有豆的部位宜扁不宜鼓，如果鼓起来就老了。另外，挑手感坚实的，不能软、空。

不要在清洗前折断豇豆，否则洗下的污染物就会渗透到豇豆内部，而且豇豆内部的汁水会流出，也损失部分营养。应该是先洗后折断。

怎么吃更营养

煮熟、煮透

豇豆含有一定的毒素，生的和半生不熟的都不能吃，烹调要煮熟透。炒过后加点水焖10分钟左右就熟了。如果不焖，可先在开水中焯熟。

豇豆＋土豆

有保护肠胃的功能。

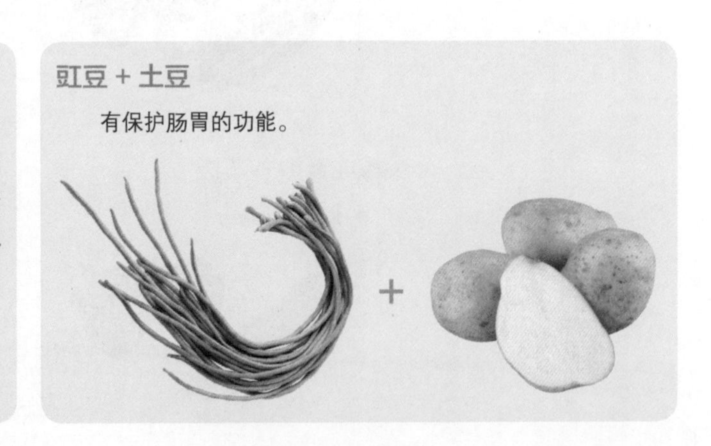

四季豆性微温，味甘，归脾、胃经，有健脾开胃、化湿消暑、利水消肿的功效。

孕期宜吃

四季豆性味温和，孕期也可以吃。四季豆是微量元素钾、镁的重要来源，这两种元素在孕期可以帮助稳定血压、保护心脏。四季豆升糖指数也低，膳食纤维含量则很丰富，既能预防妊娠糖尿病，又能预防便秘。另外，四季豆富含胡萝卜素，其能促进胎儿视神经发育。孕期在夏季时，可适量多吃一些四季豆，有消暑作用。

月子里 哺乳期 宜吃

四季豆性温，适合新妈妈食用。新妈妈泌乳会消耗体内很多钙，虽然四季豆中含钙量低，但是含有维生素 K，这种维生素可以增加骨密度，帮新妈妈强健骨骼，弥补钙消耗带来的缺陷。四季豆也富含铁，新妈妈分娩时失血较多，排出恶露也要损失很多血液，月子里吃四季豆有助于补血。

选购与清洗

购买应选表面相对平整、没有很大起伏的，折断口处水嫩多汁，没有豆筋牵连的。处理时要先清洗然后再去豆筋，去头尾，避免污水污染豆荚，也避免营养流失。

怎么吃更营养

熟透再吃

生四季豆和半生不熟的四季豆都含有大量血球凝集素，食用会中毒，一定要煮熟透，可以先焯水 10 分钟以上再烹调，也可以烹调时加水煮 10 分钟以上。

四季豆 + 香菇

可养眼明目，促进胎儿视神经发育。

四季豆 + 花椒

可促进胎儿骨骼发育。

荷兰豆性平、味甘，归脾、胃经，有益脾和胃、止渴生津、通乳、美容的功效。

孕期宜吃

荷兰豆口味清甜，性味平和，孕期也可以吃。《本草纲目》记载其有“令人面光泽”的功效，这是因为荷兰豆中含有丰富的维生素 A 原和维生素 C，能帮孕妈妈润泽肌肤、提高皮肤代谢能力并抑制黑色素形成，有助于预防妊娠斑。

月子里哺乳期宜吃

荷兰豆有抗菌消炎、促进新陈代谢的功效，新妈妈产后子宫有大创面，适当吃荷兰豆可以预防感染。此外，孕妈妈体内积聚了比较多的毒素，这些毒素会在月子里集中排出，荷兰豆可以促进毒素排出。另外，《本草纲目》记载荷兰豆“煮食，下乳汁”，如果乳汁分泌少，可以吃荷兰豆催乳。

选购与清洗

荷兰豆要选外形扁、豆粒小的，如果鼓胀就说明老了。抽一下筋，如果很容易断就是嫩的，能完整扯下来的就很老了。荷兰豆也有农药残留，应该先浸泡 20 分钟左右，清洗两遍后扯掉两头及筋即可。

怎么吃更营养

开水焯

荷兰豆含有大量皂苷和血球凝集素，没有煮熟透也会引起中毒，烹调之前最好放入开水中焯熟。

荷兰豆 + 红糖

可健脾、通乳、消肿。

荷兰豆 + 蘑菇

解腻、提食欲。

西红柿性微寒，味甘酸，归肝、肺、胃经，有清热解毒、凉血平肝、生津止渴的功效。

孕期宜吃

西红柿性微寒，但没有活血功效，孕期是可以吃的，特别是容易体内生热的孕妈妈，吃点西红柿很有好处。另外，西红柿富含维生素 C 和番茄红素，可以美白胎儿皮肤，比吃苹果的效果好。但本身是寒性体质的孕妈妈不宜多吃。另外，孕期比较容易牙龈出血，吃点西红柿可改善症状。

月子里少吃

西红柿性微寒，月子里新妈妈身体毛孔都是开放的，且体内脏器都较虚弱，肠胃功能也低下，最怕受寒，寒凉食物都应该少吃。

哺乳期宜吃

西红柿中丰富的维生素 C 可帮助哺乳妈妈预防贫血。西红柿还含有丰富的茄红素，与维生素 C 一起，可帮助哺乳期妈妈美白、消除妊娠斑。

选购与清洗

西红柿要选红中带有针眼大小白色小点的，弹性好的比硬的、软的好。另外，好西红柿能令人闻到其独有的味道。西红柿的表皮也容易有农药残留，需要用盐水或者苏打水、淘米水浸泡一会再清洗食用；生吃建议去皮，把刚烧开的开水浇在西红柿上，很容易就能把皮剥掉。

怎么吃更营养

熟吃、生吃均可

西红柿生吃偏甜，熟吃偏酸。如果胃寒、体质偏寒则尽量熟吃。新妈妈在月子里也要尽量熟吃。

西红柿 + 土豆

西红柿和土豆都含有丰富的钾，同吃降压、利尿，可帮助孕妈妈预防妊娠高血压以及减轻水肿。可以做西红柿炒土豆片或者西红柿土豆丁汤。

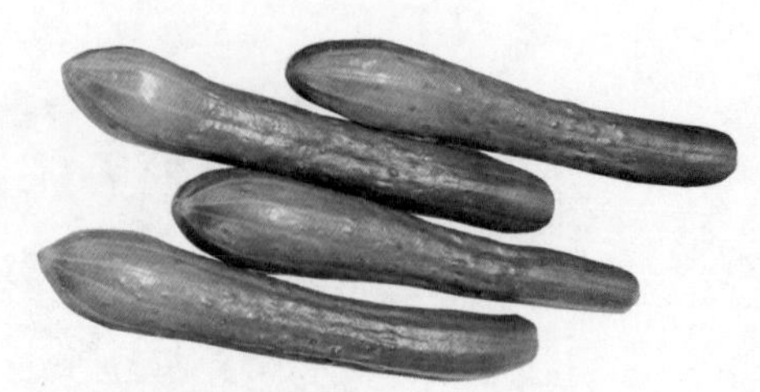

黄瓜性凉，味甘、苦，归脾、胃、大肠经，有清热解毒、除热利尿、减肥、排毒、通便的功效。

孕期宜吃

《本草纲目拾遗》记载黄瓜可“清热、利水、解毒”，孕中后期容易烦热，而且体内容易积蓄毒素，还容易水肿，吃黄瓜很有好处。另外，黄瓜不含脂肪，含糖量非常低，其中的丙醇二酸还可以抑制糖类转化为脂肪，孕期食用可预防肥胖。患有妊娠糖尿病的孕妈妈也可以放心食用。《本草纲目》还记载黄瓜“通结气，利肠胃”，吃黄瓜可预防便秘。

月子里慎吃

黄瓜性凉，新妈妈一般脾胃虚弱，吃太多黄瓜可能影响脾胃功能，而且凉性食品不利于血液运行，可能会影响产后恢复。如果吃黄瓜，最好炒熟后食用。如生吃，也应用温水泡泡再吃。

哺乳期少吃

黄瓜性寒凉，哺乳妈妈吃多了可能引起宝宝腹泻或者生病。哺乳期吃黄瓜的原则是能吃，但不宜多吃。

选购与清洗

购买黄瓜要选表皮看上去深绿、有亮皮的，而且刺要密，中等粗细，没有大肚子，这样的黄瓜新鲜，口感和味道都好。黄瓜连皮吃时要彻底清洗，可以放入盐水浸泡 20 分钟左右再清洗。泡或洗黄瓜时最好不要掐头去尾，否则营养素容易流失。

怎么吃更营养

生吃

黄瓜生吃最好，能一分不少地摄入其营养，黄瓜蘸酱、凉拌黄瓜都不错。如果肠胃不好，则最好熟吃。

黄瓜 + 豆腐

搭配豆腐清热利尿，解毒消炎，能帮助孕妈妈消水肿、预防疾病。

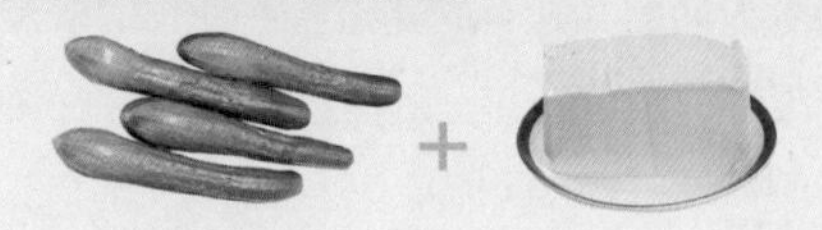

黄瓜豆腐汤

材料：嫩黄瓜 100 克，豆腐 150 克，盐、香油适量。

做法：1. 黄瓜洗净切片，豆腐切片。

2. 把黄瓜片置于锅内，加入适量清水，大火煮开后，加入豆腐片。

3. 最后加入适量盐、香油调味即可。

功效：生津润燥、清热泻火。

专题 怀孕前后营养素需求变化

	备孕期	孕早期	孕中期	孕后期	哺乳期
能量（千卡/天）	1800	+0	+300	+450	+500
蛋白质（克/天）	55	+0	+15	+30	+25
维生素A（微克RE/天）	700	+0	+70	+70	+600
维生素D（微克/天）	10	+0	+0	+0	+0
维生素E（毫克α-TE/天）	14	+0	+0	+0	+3
维生素C（毫克/天）	100	+0	+15	+15	+50
维生素B_1（毫克/天）	1.2	+0	+0.2	+0.3	+0.3
维生素B_2（毫克/天）	1.2	+0	+0.2	+0.3	+0.3
维生素B_6（毫克/天）	1.4	+0.8	+0.8	+0.8	+0.3
维生素B_{12}（微克/天）	2.4	+0.5	+0.5	+0.5	+0.8
钙（毫克/天）	800	+0	+200	+200	+200
磷（毫克/天）	720	+0	+0	+0	+0
碘（微克/天）	120	+110	+110	+110	+120
铁（毫克/天）	20	+0	+4	+9	+4
镁（毫克/天）	330	+40	+40	+40	+0
锌（毫克/天）	7.5	+0	+2	+2	+4.5

注：RE是指视黄醇当量；α-TE是指α-生育酚当量。　　引自《中国居民膳食指南》（2013版）

孕期营养不良的信号

营养不良的孕妈妈一般比较虚弱，而且身体常有这样那样的毛病，要敏感一点，及早发现这些信号，尽早调整。

如果味觉减退，可能缺锌；牙龈经常出血，可能缺乏维生素 C；嘴角经常干裂，可能缺乏核黄素和烟酸；频繁舌炎、舌裂或舌水肿，可能缺乏 B 族维生素；排便困难、便秘，可能缺乏膳食纤维和水；小腿经常抽筋，可能缺钙；头发干枯、易断、脱发，可能缺乏蛋白质。

怀疑缺乏什么只是简单的判断，最终的判定还需由医生检查得出结果。不要擅自服用营养素制剂，以免摄入过量而影响健康。营养素制剂只能在医生检查确认后才能按医嘱服用。

丝瓜性平，味甘，无毒，归肝、胃经，有祛风解毒、解暑除烦、通经活络的功效。

孕期 宜吃

《本草纲目》记载丝瓜“性平，味甘”，不凉不燥，任何体质的人都可以食用。《随息居饮食谱》认为丝瓜可以“清热解毒，安胎，行乳，清肿、化痰”，孕妈妈食用丝瓜既能消肿又能安胎。而且，丝瓜含有丰富的维生素 B_1、维生素 C，可以预防妊娠斑。

月子里 哺乳期 宜吃

《本草纲目》认为老丝瓜“能通人脉络脏腑”，《随息居饮食谱》直接说明丝瓜可以“行乳”，就是有助于下奶。月子里下奶不畅或者有乳汁瘀积，都可以用丝瓜煮汤食用，有治疗功效，而且还可预防乳腺炎。当然，哺乳期也可食用。

选购和清洗

丝瓜要选瓜形周正、外形完整、不粗不细的，拿起来掂量一下，看是否有弹性，再摸一下中间部位，如果特别硬或者特别软，都不好。特别硬的表明已老了，软的表明不新鲜了。

丝瓜皮较硬，要去掉，即使很嫩的也要去皮。

怎么吃更营养

及时烹调

丝瓜汁水多，切开后要及时烹调，以免汁水流出，流失营养。

丝瓜 + 猪蹄

月子里搭配猪蹄煮汤食用，既能补虚，又能下奶，可帮助产后身体恢复并让母乳喂养顺利实现。

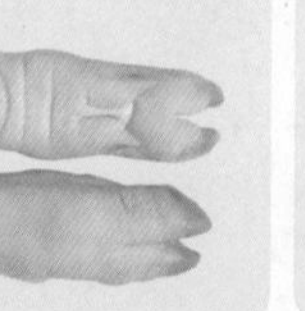

丝瓜 + 核桃仁

孕期吃丝瓜搭配核桃仁既补脑又消肿，对胎儿和孕妈妈都有好处。

节瓜性平，味甘，归脾、胃、大肠经，有清热解毒、消肿利尿、止渴消暑的功效。

孕期宜吃

《本草纲目拾遗》讲节瓜“性味平和，诸无所忌”，孕期也是能吃的。如果是在夏季怀孕，更可多吃节瓜或者用节瓜煮汤水食用，有很好的解暑作用。利水消肿方面，节瓜功效堪比冬瓜，但没有冬瓜的寒凉气，《本草求原》记载节瓜“功同冬瓜，而无冷利之患。益胃，长于下气消水”，所以，更适合孕期食用。如果肾脏不好或者患有妊娠糖尿病，也可以多吃节瓜。

月子里 哺乳期 宜吃

节瓜的营养含量高，且容易消化，体质虚弱的人最适合食用，所以月子里也能吃，甚至产后就能吃。节瓜的利水消肿功效还能帮助新妈妈尽快排出体内积滞的水分，尽快消肿。节瓜丰富的水分也可给新妈妈皮肤补水，避免月子期间皮肤太干燥。节瓜搭配肉类食用，营养丰富且不生热，适合哺乳期妈妈进补，提升乳汁质量。

选购和清洗

节瓜又称毛瓜，表皮长了很多毛，选购时以多毛为好，多毛的一般也表皮光亮，这样的节瓜说明新鲜。节瓜可去皮，只要简单清洗后削皮即可。

怎么吃更营养

最适合炖汤

节瓜可以单独炖汤，也可以搭配其他食材，有很好的解腻、利水和减肥作用。

节瓜 + 猪骨、猪瘦肉

节瓜搭配猪肉、猪骨炖汤，健脾益气，消食利水。

节瓜 + 薏米

除湿功能增强，坐月子的妈妈体内有湿气时可以同时食用这两种食材。

西葫芦

西葫芦性温，味甘，归脾、胃经，具有健脾暖胃、消炎止痛、补中益气的功效。

孕期宜吃

西葫芦有除烦、利水的功效，孕期心情烦躁或者出现水肿时，可以适当吃点西葫芦。西葫芦还能促进体内胰岛素的分泌，有助于预防妊娠糖尿病。另外，西葫芦含有丰富的胡萝卜素，钙质也很丰富，对胎儿大脑、骨骼、眼睛、神经等发育有益。不过，脾胃虚寒的孕妈妈应少吃西葫芦。

月子里 哺乳期 宜吃

西葫芦性温，月子里吃这种温热的食品刚刚好，哺乳期也可以吃。西葫芦的葡萄糖含量较高，能帮助新妈妈快速恢复体力。丰富的维生素C和水分也可帮助新妈妈润泽肌肤。而且，西葫芦中含有一种物质能刺激机体产生干扰素，帮新妈妈提高免疫力。

选购和清洗

嫩的西葫芦适合炒着吃，老的可以做馅。要买嫩的就选颜色绿的、能掐出水的；要买老的就买白的，用手掐完后干巴巴的。此外，只要注意表皮没节没坑就可以了。西葫芦清洗前要浸泡30分钟。如果时间来不及，冲洗后就直接去皮，更干净。

怎么吃更营养

熟吃

西葫芦虽然可以生吃，但是不易消化，还是以熟吃为好。

西葫芦＋豆腐

有健美、减肥、护肤的作用。

清炒西葫芦

材料： 西葫芦400克，盐2克，葱5克，花椒1粒，鸡精、植物油适量。

做法： 1. 西葫芦洗净、去瓤后切成片；葱洗净、切末。

2. 将炒锅烧热，倒入植物油，放入花椒炸香，捞出花椒，再下入葱末煸炒出香味，

3. 放入西葫芦片翻炒，翻炒至快熟时，加入盐、鸡精调味即可。

功效： 西葫芦富含蛋白质、矿物质和维生素，不含脂肪，有润肺止咳、消肿散结之效，同时也是美容佳品。

南瓜性温，味甘，归脾、胃经，能补中益气，有消炎杀菌、解毒、止痛的功效。

孕期宜吃

南瓜的含糖量很低且几乎不含脂肪，孕妈妈食用有利于预防孕期肥胖和妊娠糖尿病、妊娠高血压。另外，孕妈妈因为代谢不足容易在体内积聚一些毒素，而南瓜含有丰富的果胶，其可吸附细菌和有毒物质，消除体内包括铅在内的毒素，维护孕妈妈和胎儿健康，还可预防便秘。《滇南本草》记载其“利小便”，孕期食用有助于减轻水肿。

月子里 哺乳期 宜吃

南瓜有消炎杀菌、止痛的功效，月子里吃些南瓜有利于预防产褥期感染，可帮助伤口愈合。剖宫产后的新妈妈更适合吃些南瓜。吃南瓜不会对乳汁分泌产生不利影响，哺乳期也可正常食用，能为哺乳妈妈和宝宝提供丰富的维生素 C 和胡萝卜素等。

选购和清洗

煮着吃应选老南瓜，炒着吃应选嫩南瓜。很容易掐破的、破口有液体的是嫩南瓜，反之就是老南瓜。此外，只要瓜皮完整、光滑，没有凹坑、斑点即可。食用时需要去瓤，去不去皮都可以。

怎么吃更营养

适量

《滇南本草》记载南瓜“多食发脚疾及瘟病”，吃得太多容易患脚气，另外消化不好、有胃病的人吃多了容易胀气、打嗝，也不宜多吃。一般每天吃南瓜不应超过 150 克。

烹调方式多样

南瓜也叫“饭瓜”，可代主食，也可与米一起煮饭，还可捣烂和面蒸馒头。煮、蒸、炒皆可。南瓜炖五花肉是经典菜品。

南瓜 + 红枣

补脾益气、补血。

苦瓜

苦瓜性寒，味苦，归脾、胃、心经，有清热解毒、降血糖、降血压、养血滋肝的功效。

孕期忌吃

《本草纲目》记载苦瓜“苦、寒”，不适合孕期食用。苦瓜含有奎宁，奎宁是孕期禁用药物，有堕胎、催产作用，还可致畸。另外，苦瓜含有的生物碱也可引起流产、畸形等。

月子里 哺乳期 慎吃

产后身体较虚弱，苦瓜寒凉，最好不吃苦瓜，以免损伤脾胃，不利于产后恢复。如产后新妈妈有上火症状，可少量吃些苦瓜降火。哺乳期也应慎吃，过多食用可能会引起宝宝腹泻。另外，民间有苦瓜回奶的说法。

茄子

茄子味甘、性寒，归脾、胃、大肠经，有清热、活血、止痛、消肿的功效。

孕期少吃

《滇南本草》记载：“多食损目，肚疼下痢。妇人多食伤子宫。”中医认为茄子性寒，孕期过多食用会引起腹痛、损伤子宫。尤其是有消化不良、容易腹泻、脾胃虚寒、便溏症状的孕妈妈，应忌吃茄子。

剖宫产前忌吃

确定要做剖宫产手术的孕妈妈，术前不宜吃茄子，因为茄子里所含的一种简称 SCAS 的物质会影响麻醉剂的正常分解，延长术后苏醒的时间。

月子里慎吃

生产之后，子宫内胎盘的附着面有大量血管断端暴露着，需要 3~4 周才能慢慢闭合创面。茄子性寒，过多食用不利子宫恢复。

哺乳期少吃

茄子性寒凉，多吃不利子宫后续恢复，也可能会影响到宝宝的肠胃，哺乳期不宜多吃。

专题 饮食调节有效缓解孕吐

大部分孕妈妈都会有孕吐经历，这与激素的剧烈变化有关。孕吐一般在怀孕3个月后就消失，但也有个别孕妈妈会持续整个孕期。孕吐期间，在饮食上做些调整，不适情形会减轻很多。

少吃多餐

空腹最容易引起恶心，别让胃空着就能减少孕吐，要少吃多餐，在孕早期，建议一天可以安排五六餐，正餐外加二三餐加餐。

早上睁眼即吃

早上容易孕吐也是因为早上胃是空的，早上睁开眼还没起床时，孕吐严重的孕妇应吃点东西，能很好地预防晨吐。睡前，可以在床头柜上放点饼干之类的淀粉类零食。

避开引起恶心的食物

怀孕前3个月，嗅觉特别灵敏，有些平时感觉正常的食物会让孕妈妈觉得恶心。对于觉得恶心的食物，应立刻远离，不要强迫自己食用，以免引起剧烈呕吐。

吃些能缓解孕吐的食物

姜、梨、橘子、柠檬、香蕉、苹果酱都有缓解孕吐的作用，孕妈妈喜欢什么就吃什么。可将姜切片含在嘴里，可将柠檬放在床头或者带在包里，恶心时闻一闻。

不吃会加重孕吐的食物

一般来说，油腻、辛辣食物都会刺激胃，引起恶心，孕吐期间不要吃油炸、高脂肪、辣椒等食物。

喝水要小口

大口喝水，水迅速充满胃也会引起恶心，喝水要小口小口地喝。

如果孕吐特别严重，持续不断，根本无法进食，已经影响身体健康了，则应尽快去医院接受治疗。

胡萝卜

胡萝卜味甘、性平，归肺、脾经。有健脾、化滞、治消化不良的功效。

孕期宜吃

胡萝卜富含胡萝卜素、维生素 A，维生素 A 又称为视黄醇，可促进胎宝宝的视力、皮肤、牙齿的发育。孕妈妈适量吃些胡萝卜，可预防胎儿发育迟缓，对自己的皮肤也有好处。

月子里 哺乳期 宜吃

《本草纲目》认为胡萝卜“下气补中，利胸膈肠胃，安五脏，令人健食，有益无损”，新妈妈产后五脏虚损，适量吃些胡萝卜有益于恢复。月子里、哺乳期因脾胃虚弱引起消化不良时，可用适量胡萝卜与红糖一起煮水吃，帮助消化。

选购和清洗

胡萝卜为根茎类蔬菜，农药残留较少，但挑选时应选择中等大小、粗细均匀、有很自然的橘黄色的。另外，带叶子的胡萝卜的味道更新鲜。不要选有裂缝、绿叶蔫萎、顶部有一块青色区域的胡萝卜。食用前，需要用流水或拿牙刷冲洗，削皮后再食用。

怎么吃更营养

适量食用

如果天天吃，每天吃半根~1根胡萝卜就够了。不常吃的话，一次吃2根也行。过量食用容易引起皮肤发黄。

熟吃

《本草省常》记载胡萝卜“宜熟食，多食损肝难消，生食伤胃”，所以，胡萝卜熟吃比生吃更养人。

胡萝卜 + 肉类

胡萝卜中的胡萝卜素不溶于水，是脂溶性维生素，在油脂中溶解后才能被人体消化利用。所以，建议用胡萝卜炒肉、炖肉，既易于消化又能彻底吸收其中的营养。

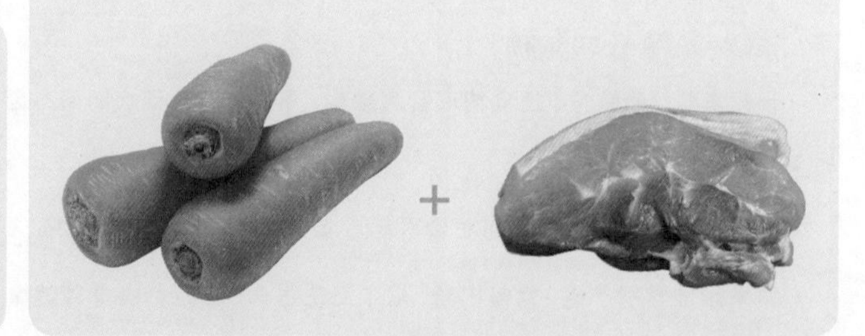

白萝卜

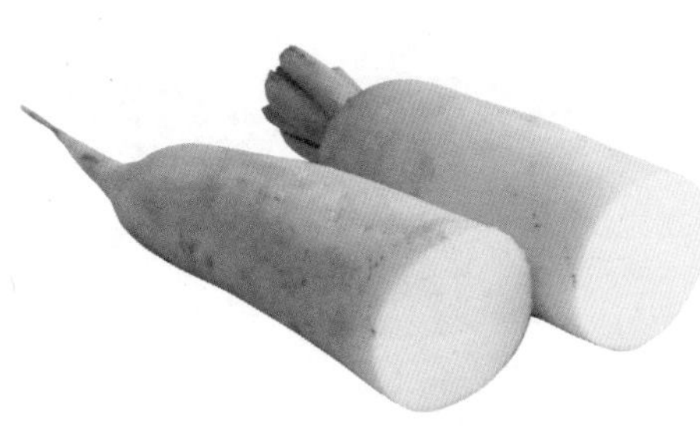

白萝卜性凉，归肺、胃、大肠经，有清热生津、健脾消食、化滞、凉血止血的功效。

孕期宜吃

白萝卜含有多种消化酶、酵素和辛辣成分，这些成分有助于胃液分泌。当子宫增大后，挤压肠胃，孕妈妈容易消化不良，吃点白萝卜能助消化，缓解不适。另外，白萝卜可降血脂、稳定血压，并有消炎、化痰功效，更适合有孕期肥胖、妊娠高血压的孕妈妈食用。在孕期感冒、咳嗽时，也可适当多吃一些白萝卜。

月子里慎吃

白萝卜性凉，新妈妈在月子里脾胃一般虚寒，最好不吃白萝卜。同时，因为身体也没有恢复，如果吃寒凉的白萝卜则会对子宫恢复和下奶产生不利影响。不过，如果是剖宫产，产后需要通气，则可以适当饮用萝卜汤。

哺乳期少吃

白萝卜性寒凉，哺乳妈妈不能经常吃，也不要一次性吃太多，以免影响自身健康和宝宝脾胃。

选购与清洗

糠心的、不新鲜的白萝卜不好吃，要选按上去比较硬实的、须根挺直的。如果按上去发虚，须根杂乱，则不新鲜了。白萝卜可以去皮，直接洗干净后去皮就行了。

怎么吃更营养

熟吃

白萝卜也可生吃，但有些人生吃会有烧心感觉，尽量熟吃。

白萝卜 + 羊肉、生姜

白萝卜搭配羊肉、生姜，白萝卜的凉性和羊肉的热性相互补充，对身体最有益。生姜能去除羊肉的膻味，还可破气、行滞。

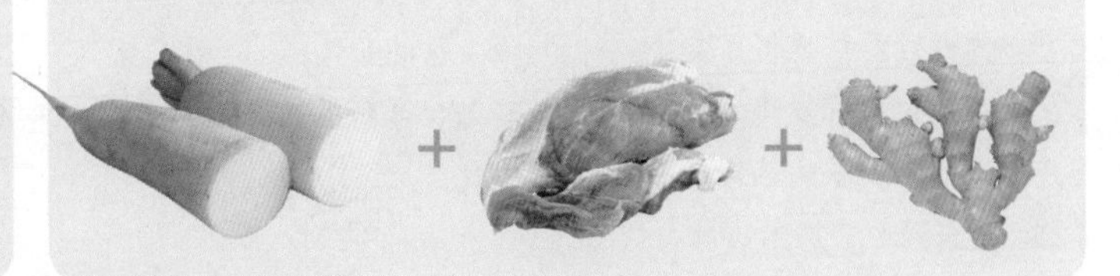

洋葱性温，归心、脾、胃经，有发散风寒、消食化肉、降压降脂、利尿、健胃、润肠、解毒等功效。

孕期宜吃

洋葱独有的辛辣味可增进食欲，帮助消化，孕早期食用可改善食欲不振现象。另外，洋葱的升糖指数非常低，适合妊娠糖尿病患者食用。洋葱中的前列腺素能够保护血管弹性，预防妊娠高血压。孕期常吃洋葱，还可提升身体免疫力，促进新陈代谢，清除体内重金属。

月子里宜吃

分娩时，身体消耗巨大，因此新妈妈产后一般免疫力较低，吃洋葱可提升免疫力，预防在月子里生病。洋葱还有杀菌作用，可帮助预防产褥感染。另外，有的新妈妈在老人的监督下不能频繁地洗头，吃些洋葱，其中的硫胺素还能抑制头皮屑泛滥。

哺乳期慎吃

洋葱产气，哺乳妈妈吃洋葱，有些宝宝会出现肠胃不适而哭闹的现象。哺乳期吃洋葱应该谨慎，如果宝宝有不适反应，建议以后不再吃。

选购和清洗

喜欢水分多、口感脆、味道甜的，可买黄皮洋葱；喜欢水分少、味道甜的，可买紫皮洋葱。要选捏起来瓷实的，表皮越干越好。洋葱剥皮、去根、去尖即可烹调。

怎么吃更营养

适量食用

洋葱性温，吃多了会上火，引起目糊和发热。有眼疾、胃病、皮肤病的妈妈不适合吃洋葱，会加重病情。

洋葱烧排骨

材料：猪排 500 克，洋葱 50 克，面粉 50 克，白糖 90 克，醋、料酒、酱油、盐、淀粉和香油各适量。

做法：1. 将猪排切成约 3 厘米长的小块，用料酒和盐拌匀，再用适量淀粉和水搅拌均匀。

2. 将酱油、白糖、醋和料酒、淀粉加水调成芡汁备用。

3. 烧热锅，下油，至六成熟时，把猪排块逐个放入油锅炸至结壳捞出，拨开粘连，拣去碎末，油温升至七成时，再将排骨下锅炸至外壳松脆捞出。

4. 洋葱切丝，原锅留油少许，放入洋葱丝爆香后捞去，将猪排块下锅，迅速将调好的芡汁放入锅中，连续翻炒，淋上香油即可。

功效：洋葱的辣味能够抗寒，杀菌作用较强，也可以促进消化。

土豆

土豆性平，归脾、肾经，有活血、暖胃、益气、生津、宽肠胃、通便等功效。

孕期 少吃

土豆营养价值虽高，但是现代医学发现多吃土豆与胎儿神经管发育缺陷紧密相关。经研究，土豆含有龙葵素，特别是发芽、腐烂、变绿的土豆，其含量更高。龙葵素是一种生物碱，大量蓄积体内可影响胎儿神经的发育，如果孕妈妈本身对生物碱较敏感，少量食用土豆都可能生出畸形儿。所以，怀孕后尽量少吃土豆。

剖宫产后 忌吃

吃土豆容易胀气，剖宫产后伤口没愈合之前不要吃土豆，腹部胀气会影响子宫以及腹壁刀口愈合。一般产后 7 天，伤口基本愈合就可以吃了。

月子里 哺乳期 宜吃

土豆蛋白质含量丰富，且含有 18 种人体必需氨基酸，对产后恢复很有好处。《本草纲目》记载土豆有宽肠胃、通便的作用，而新妈妈大多脾胃较虚弱，也会遇到便秘问题。所以，在月子里、哺乳期都可以吃土豆，可缓解便秘、健脾养胃。

选购和清洗

购买土豆一定要挑选没有发芽的，不买有绿皮或者腐烂的。洗净去皮后，要把芽眼部位彻底挖去。如果有绿皮，要把绿皮彻底削去。

怎么吃更营养

生榨

便秘问题比较严重的，可以每天用 3 个中等大小的土豆生榨一杯土豆汁饮用。

土豆 + 谷物

土豆最好与谷物类食物一起食用，土豆中齐备的氨基酸可弥补谷物类的不足，提高蛋白质利用率。所以，土豆饼、土豆泥拌米饭都是不错的选择。

芋头性平，生则有毒，归肠、胃经，有益脾胃、宽肠胃、破血化瘀、调中补虚的功效。

孕期少吃

在孕期也可以吃芋头，《随息居饮食谱》记载其煮熟后“甘滑利胎”。孕妈妈食用还有护齿作用，因其含有较丰富的氟。但不宜多吃，《千金•食治》记载其“不可多食，动宿冷”，现代医学也证明一次性吃太多芋头，不利消化，容易腹胀。

月子里 哺乳期 宜吃

《本草拾遗》记载芋头“吞之开胃，通肠闭，产后煮食之破血，饮其汁，止血、渴”，其“开胃、通肠闭”的作用对产后肠道功能恢复有积极意义；其“煮食破血”功能则可帮助排出恶露，有利于子宫尽早恢复。另外，民间有吃芋头下奶的说法，这也是因为芋头的营养全面且丰富的缘故。

选购和清洗

芋头要选购手感结实但重量轻的，这样的芋头的粉质多。另外，表面不能有斑点、烂点，切口处要干爽，不能有液体渗出。

芋头黏液中有皂苷，会刺激皮肤发痒，遇水会更痒，最好在芋头干燥状态下去皮。

怎么吃更营养

熟吃

生芋头有小毒，不可生吃，无论采用哪种烹调方法都一定要煮熟。

蒸或者煮

蒸或者煮可以让芋头的营养得到最大程度的保留，清蒸芋头或者煮粥、煮汤时可以放些芋头丁。搭配猪肉、牛肉、鱼肉、红枣、芹菜等食用，保健功效能更大地提升。

芋头香粥

材料： 粳米 100 克，芋头 1 个，虾米 30 克，芹菜 1 棵，盐适量。

做法： 1. 粳米洗净，放入锅中，加水适量，大火煮开，改小火熬粥。

2. 芋头削皮、洗净、切丁；虾米泡软、洗净；均加入粥内同煮，熟软时加盐调味。

3. 芹菜洗净、切丁，加入粥内拌匀，即可熄火盛出食用。

功效： 具有益胃宽肠、通便散结的作用。

红薯、紫薯

红薯、紫薯性平，无毒，归脾、肾经，具有凉血活血、益气生津、宽肠通便等功效。

孕期 宜吃

红薯含有丰富的胡萝卜素，可以促进上皮细胞成熟，抑制其异常分化，还对视力发育有益，很适合孕期食用。容易便秘的孕妈妈可适量吃红薯，缓解便秘。有妊娠糖尿病的孕妈妈也可以吃红薯，红薯有抑制血糖升高的功效。不过，有饭后烧心感的孕妈妈不要吃红薯，以免加重不适。

紫薯含有大量花青素和硒元素，具有良好的抗氧化效果，孕妈妈吃紫薯比吃红薯更有营养。

剖宫产后 忌吃

吃红薯、紫薯后容易胀气。剖宫产后，新妈妈吃红薯会出现腹胀，影响肠道功能和刀口愈合，不利于产后恢复。最好是在刀口愈合后再食用。

月子里 宜吃

《本草纲目拾遗》视红薯为良药，记载其益气生津、解渴止血，宽肠胃、通便秘，“产妇最宜”。《随息居饮食谱》记载红薯煮熟食用后饮少许黄酒，再饮红糖姜茶可治疗产后腹痛。一般来说，煮粥时放两块红薯就很适合新妈妈。

哺乳期 少吃

红薯、紫薯产气比较多，吃多了容易腹胀，也可能引起宝宝腹胀，少吃为宜。

怎么吃更营养

熟吃

有的人喜欢吃生的红薯，建议不要这样吃，生红薯不易消化，最好熟吃。

代替部分主食

红薯可以代替部分主食，这会增加赖氨酸的摄入，让营养更全面，但不能大量吃，以免影响主食摄入。红薯及其他薯类的一日食用总量不要超过 80 克。

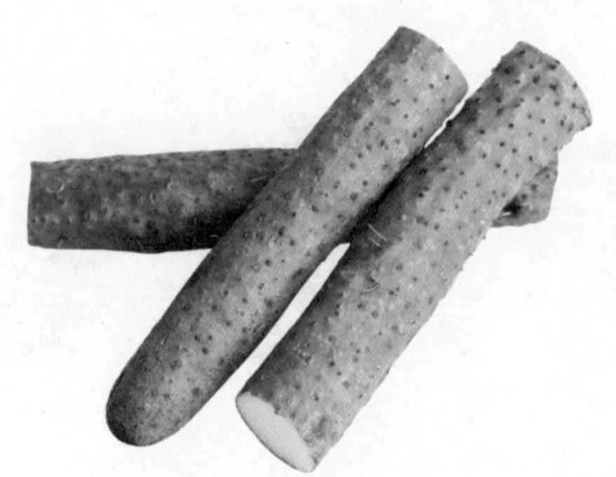

山药性平，味甘，无毒，归脾、肺、肾经。有滋补强身、健脾益胃、助消化等功效。

孕期宜吃

《本草纲目》记载山药“益气力，长肌肉……镇心神，安魂魄”等。孕妈妈负担重，容易劳累，还容易出现失眠的问题，吃山药对孕妈妈很有意义。现代医学也证明山药的营养价值很高，其中的淀粉酶可促进消化，胆碱可促进胎儿大脑发育，也可帮助孕妈妈增强记忆力，薯蓣皂苷可增强孕妈妈的免疫力。

月子里宜吃

《本草纲目》认为山药能“补虚羸，除寒热邪气”。新妈妈产后往往比较虚弱，而且比较容易受寒热侵袭而感冒，吃山药既可补虚又能预防感冒。另外，山药中丰富的蛋白质也有助于下奶。《日华子本草》认为其可治疗“健忘”。

选购和清洗

如果喜欢吃口感较面的，可以选铁棍山药。其他品种比较脆，适合炒着吃。购买时要选重的，须毛多的口感好，表皮不能有异常斑点。给山药削皮的时候最好戴上塑料手套，山药上的黏液会引起发痒。

怎么吃更营养

细加工

山药加工越碎，营养吸收率越高，切丝、切丁比切片、切块要好。

熟吃

山药虽然可以生吃，而且生吃更营养，但是容易引起过敏，孕妈妈不应生吃山药。如果要凉拌食用，一定要在开水里多焯一会儿，直到熟透。

烹调方法多样

可炒、可炖、可蒸、可凉拌、可炖汤，蜜汁山药、山药扣肉、糖醋山药、山药排骨汤都是很好的搭配。

专题 控制体重，减少妊娠纹

妊娠纹的出现与激素变化有关，更主要的原因是体重增加太多了。体重增加、脂肪增加，皮肤急速拉伸，其中的弹力纤维和胶原纤维承受不了拉力而断裂，由此出现纹路。所以，妊娠纹一般出现在脂肪增加较多的部位——大腿、乳房、腹部。

控制体重增长速度和幅度

如果能控制好体重增长幅度和速度，体重不要增加太多，不要增加太快，就能预防妊娠纹或者会少一点、轻一点。整个孕期增重10~14千克较为合适，前3个月，每月增加1~1.5千克，在16~27周每周增加不要超过500克，28~36周每周增加不要超过200克。体重超标越多，妊娠纹越严重。

吃些能增加皮肤弹性的食物

富含维生素E的食物有增加皮肤弹性的作用，如卷心菜、葵花子等可经常食用。富含维生素A、维生素B_2的食物可让皮肤光滑细润，牛奶和禽蛋类食品都是保护皮肤必不可少的食物。另外，西红柿、橙子等橙色水果、蔬菜富含维生素A，也要适当食用。

吃些补充胶原蛋白的食物

猪蹄、猪皮、鱼皮、牛筋、章鱼等都含有丰富的胶原蛋白，多吃这些食物可让皮肤细胞变得饱满、充盈，弹力增加，就不容易被撕裂了。

避免缺铁

人体缺铁，全身细胞都会缺氧，皮肤细胞缺氧，弹性就会下降，容易被撕裂。含铁质的食物也要常吃，动物肝脏、蛋黄、海带、紫菜等都可经常搭配着食用。

牛蒡

牛蒡性凉，味苦、微甘，归心、肺经，有疏风利咽、散热、解毒、消肿的功效。

孕期 忌吃

《本草纲目》记载牛蒡能“通十二经脉，除五脏恶气”，可以有效调理女性因为气滞血瘀引起的月经不调，有很好的活血化瘀作用，所以孕期食用牛蒡，有可能会引起流产。如果已经有流产先兆或者习惯性流产者，应忌吃牛蒡，牛蒡茶也不宜饮用。

月子里 哺乳期 少吃

牛蒡的活血化瘀作用对于月子里的新妈妈很有利，可以帮助排出体内毒素并促进恶露尽快排完，但是因为牛蒡性寒凉，无论是月子里还是哺乳期都不宜多吃。可将牛蒡干作为调味料用，炖汤时加点，也可以适当喝点牛蒡茶。

荸荠

荸荠性寒，味甘，归脾、胃、肺经，有润肺化痰、利尿、消食、化湿的功效。

孕期 慎吃

荸荠性寒、滑利，有诱发子宫收缩，进而引起流产的可能，孕期食用需谨慎。另外，《本经逢原》认为：“以其峻削肺气，兼耗营血，故孕妇血渴忌之。”为避免精血过度损耗，也应该慎吃荸荠。

月子里 忌吃

产后新妈妈都有虚寒、血虚的问题，不宜吃荸荠，否则不利于恢复。《隐息居饮食谱》说：“中气虚寒者忌之。”不过如果恶露不尽，则可以吃点荸荠，《本草再新》说其可“破积滞，利藏血”，恶露不尽时吃荸荠有助于止血。

哺乳期 少吃

由于月子里进补得当，满月时新妈妈体质会有所提升，而且哺乳期饮食营养比较丰富，容易积热上火，这时就可以少吃点荸荠，有助于降火，但也不宜多吃。

莲藕性平，味甘，无毒，归心、脾、胃经，有清热凉血、通便止泻、健脾开胃、止血散瘀的功效。生吃则性寒。

孕期宜吃

莲藕有“活血而不破血，止血而不滞血”的特点，所以孕期也可以食用。孕妈妈需要的血量大幅增加，容易缺铁，莲藕营养丰富，特别是铁元素含量很高，吃莲藕有助补铁。另外，莲藕还含有丰富的膳食纤维以及黏液蛋白，有助于减少脂类吸收，避免孕妈妈过于肥胖。莲藕的清香味还能健脾开胃，促进消化。

月子里哺乳期宜吃

《本草纲目》记载：“产后忌生冷物，独藕不同生冷者，为能破血也。”虽然生藕性寒，但产后也可以吃，可以帮助破血化瘀，特别是恶露不下时，吃藕可促进恶露排出。莲藕还有通乳的作用，也可消食健脾，促进哺乳妈妈吸收营养，因此哺乳期也可以吃。

选购和清洗

莲藕要选颜色微黄、没有异味的。应选藕节粗且短的、口感好、没有明显伤痕的莲藕。很白、发黑或者有酸味的莲藕，可能是用药物泡过的。莲藕要去皮食用，去皮后要及时烹调，以免变黑。

怎么吃更营养

熟吃、蒸食

生藕性寒，尽量熟吃。而且，生藕可能有寄生虫，损伤肠道。最好蒸着吃，《本草纲目》说莲藕“蒸食，甚补五脏”。

莲藕＋蜂蜜

《本草纲目》记载莲藕“同蜜食，令人腹脏肥，不生诸虫”，莲藕蒸熟浇上桂花蜜就是一道经典菜肴。

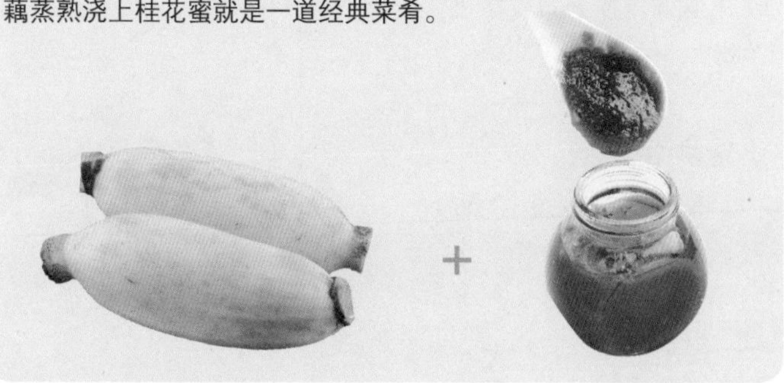

菱角

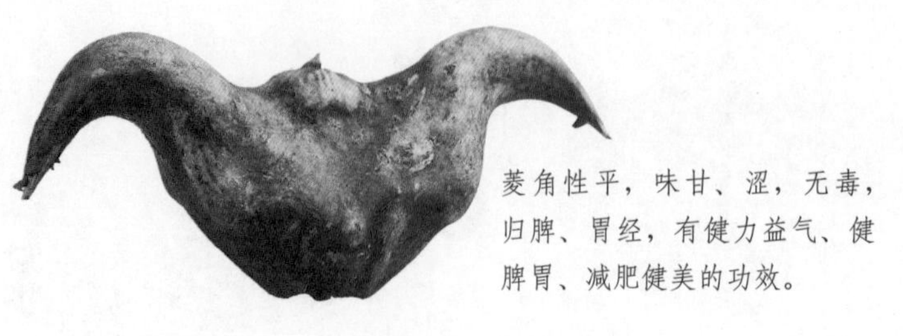

菱角性平，味甘、涩，无毒，归脾、胃经，有健力益气、健脾胃、减肥健美的功效。

孕期宜吃

《本草纲目》说菱角可供任何体质的人食用，孕妈妈也不例外。菱角不含脂肪，吃菱角既能饱腹还不会发胖。菱角煮汤或者和米煮粥还有防癌作用。《唐本草》说“菱做粉极白润宜人”，说明其有润肤、美白功效，孕期食用有护肤作用。

月子里 哺乳期 宜吃

月子里、哺乳期都可以吃菱角，有一定的通乳作用。另外，《本草纲目》记载菱角能强股膝，健力益气，补五脏，产后新妈妈身体虚弱，身体无力，吃菱角能得到不错的保养效果。如果上火了，也可以用菱角煮粥，可解内热。

选购和清洗

菱角有嫩有老，都可吃，嫩的脆，老的粉糯，煮粥或者和大米一起煮饭时以老的为宜。如果想要嫩的，就选颜色鲜翠的；如果想要老的，就选黄色或红色的。如果闻到菱角有水臭味则不能吃。菱角皮可剥下来，买回后洗干净剥皮烹调即可。

怎么吃更营养

熟吃

菱角宜熟吃，《本草纲目》记载：“生食，性冷利。多食，伤人脏腑，损阳气，痿茎，生蛲虫。”

适量食用

不宜多吃，吃多了会腹胀不适。

菱角＋大米

菱粉粥“益肠胃，解内热”，能为孕妈妈提供丰富的蛋白质、维生素和矿物质。

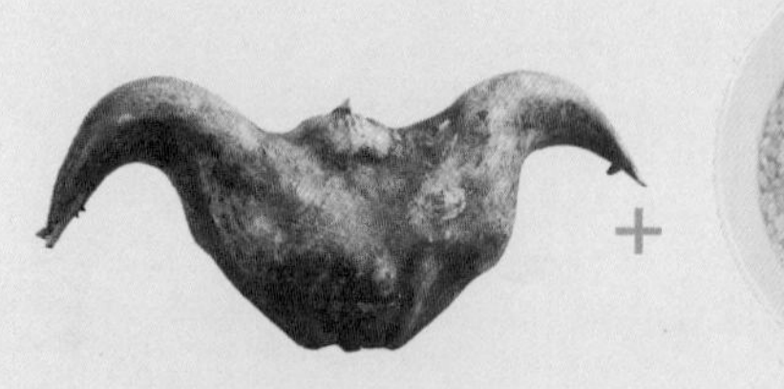

+

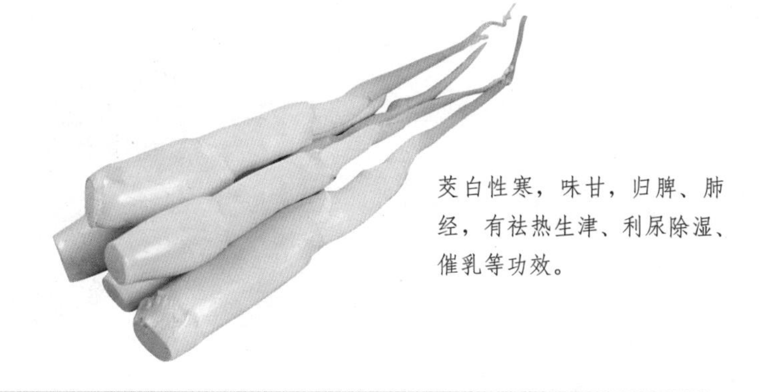

茭白性寒，味甘，归脾、肺经，有祛热生津、利尿除湿、催乳等功效。

孕期少吃

茭白虽然有很多的保健功效，但是也不宜多吃，《本草撮要》说茭白“惟滑利而冷，甚不益人，宜少吃为妙，有病者尤忌”，孕妈妈如果本身体质偏寒，大便稀薄就更不宜食用了。另外，茭白含草酸量较高，会影响钙质的吸收。

月子里忌吃

产后新妈妈体质较差，容易受凉，应该注意保暖，生冷寒凉食物都不应该食用。茭白性寒、滑利，对产后恢复不利，吃多了还会令“下焦冷”（《饮食须知》），下焦即小肠、大肠、肾及膀胱，下焦冷则容易腹泻、尿频等。

哺乳期宜吃

满月后，宝宝对母乳的需求增大了，母乳就可能显得有点不够，而此时妈妈身体已经恢复得较好，很多食物都可以放心食用了。茭白具有很好的催乳功效，与通草、猪蹄搭配煮汤食用，催乳效果最好。但因茭白性寒，也不能吃太多。

选购和清洗

买茭白要挑短粗型的，外观要光滑、饱满，根部白色的部分要足够白，不能发红，绿色的部分则不能太绿。茭白内部会有一些黑色的小点，这是一种真菌，有防止骨质老化的作用。但是如果黑点变成大片黑斑了，就太老了。

怎么吃更营养

茭白 + 牛肉

营养丰富，有良好催乳作用。

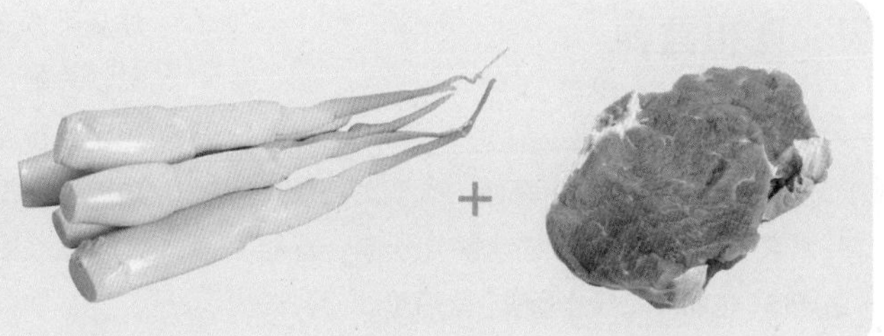

竹笋

竹笋性微寒，味甘，归肺、胃经，有清热凉血、滋阴和中、清热化痰的功效。

孕期 少吃

竹笋含有8种人体必需的氨基酸，营养价值高，且低脂、低热量，孕期适当食用有助于预防便秘、肥胖。不过，竹笋不易消化，且性微寒，如果脾胃不好，最好不吃。另外，竹笋草酸含量也较高，吃多了容易影响钙吸收。如果孕期出现咳嗽、上火、水肿、烦躁、失眠，可以适当吃竹笋，有利于减轻症状。

月子里 忌吃

在月子里，对脾胃较虚、消化能力不好的新妈妈而言，竹笋是不易消化的。而且竹笋性寒，会阻碍气血运行，对新妈妈身体恢复也不利。如果上火、腹痛，则可以吃一点，《本草纲目》说其可“治产后心腹痛”。

哺乳期 少吃

竹笋含有大量草酸，不利于钙吸收。哺乳妈妈对钙的消耗量很大，吃太多竹笋可能引起缺钙。另外，民间有吃笋回奶的说法，应谨慎。

选购和清洗

买竹笋要选短而粗的，但不能太大。笋节要密，太稀疏的比较老。中间部位有光泽、呈现棕黄色的比较新鲜，如果是褐色的且发暗就不新鲜了。买的如果是新鲜竹笋，要把所有外皮剥去，把根部老的部分削去，清洗干净即可。

怎么吃更营养

先用水煮

新鲜竹笋有苦味、草酸，烹调之前最好用水煮一下，水开之后继续煮10分钟，既能去苦味，也能去除部分草酸。之后可炒、可拌。

冬瓜炒竹笋

材料： 冬瓜400克，竹笋250克，盐2克，黄豆芽汤少许，淀粉、鸡精、植物油各适量。

做法： 1. 竹笋洗净、切丁。将冬瓜洗净，去皮、籽，切丁，先入沸水锅中焯透捞出，再用凉水中浸泡，捞出沥干水分，与竹笋丁放在一起。

2. 将炒锅置火上烧热，放入植物油，待油烧至六成热时，再加入竹笋丁和冬瓜丁，翻炒片刻，放盐、黄豆芽汤，见汤汁浓稠时用湿淀粉勾芡，再加鸡精拌匀即可出锅。

功效： 冬瓜可以利尿消肿；竹笋膳食纤维丰富，能够促进肠胃蠕动，防止便秘。

芦笋性寒凉，味甘、苦，归脾经，有润肺、镇咳、祛痰、减肥、降压等功效。

孕期 宜吃

芦笋热量低、叶酸含量高，所含的膳食纤维柔软，孕妈妈常吃芦笋，有助于控制体重，预防便秘，并可助胎儿神经发育。《本草纲目》称其“利小便”，有助于消肿，孕后期出现水肿时吃点更好。如果孕期出现牙疼、咳嗽，吃点也特别好，《药材资料汇编》说它能“治口腔炎症及齿痛”。

月子里 忌吃

芦笋性寒凉，不利于气血运行。月子里时常吃芦笋，产后恢复就会变慢。所以，芦笋不适合月子里食用。

哺乳期 少吃

芦笋中的叶酸有利于宝宝发育，膳食纤维可帮助预防哺乳妈妈便秘。不过不宜多吃，毕竟寒凉，吃多了可能引起宝宝腹泻。

选购和清洗

买芦笋要选直径为 1 厘米左右、长度为 20 厘米左右的，顶部不开花的，另外要选弹性好、一掐就出水的。

芦笋顶部容易积聚沙土，洗之前要在水里泡一会儿，才能泡掉沙土。去除芦笋老根，要用手掰，轻轻一掰，老嫩自动分家。

怎么吃更营养

先煮软

长时间烹调容易流失营养，短时间很难熟透。建议不管采用何种烹调方法，在烹调之前都应该先把芦笋煮软，再烹调，使营养流失少，而且可以去掉其中的一部分草酸。煮的时候往水里倒点油，保持色鲜；加点盐，增加风味并保持营养。

芦笋＋猪肉

搭配猪肉有助于提升维生素 B_{12} 的吸收率。

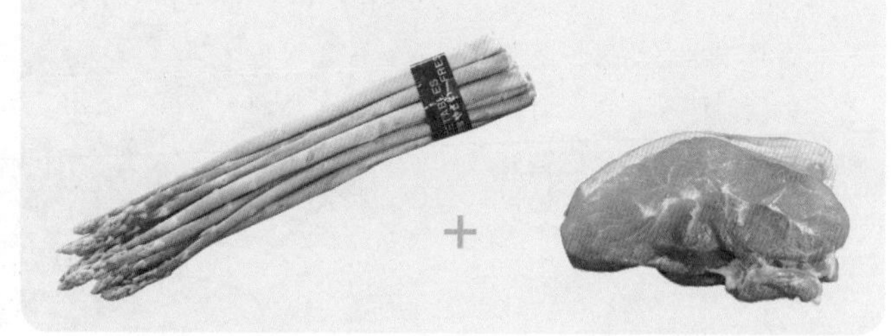

香椿

香椿性温，味苦，归肝、胃、肾经，有健胃、止血、消炎的功效。

孕期 少吃

《食疗本草》认为香椿“动风，多食令人神昏，血气微”，吃多了香椿，会令人精神萎靡，身体越来越弱。孕妈妈身体负担重，精神、营养耗损都比平时多，不宜多吃香椿，偶尔吃点解解馋即可。如果孕妈妈患有一些慢性疾病，则应忌吃香椿，香椿会诱使慢性疾病复发或加重。

月子里 哺乳期 少吃

香椿有消炎作用，同时性温热，适合产后食用。另外，香椿的止血作用较强，《本草纲目》记载香椿可治疗“女子血崩及产后血不止”。如果恶露太多或者持续时间太长，可以适当多吃一点香椿，但不宜过多食用。哺乳期应少吃香椿，以免积聚内热，吃母乳的宝宝也可能因此上火。

选购和清洗

购买香椿时要选叶子是红色的，叶子泛绿的就老了。闻闻根部，香味越浓的越嫩、越鲜。长度则尽量选 10 厘米以内的。香椿长在高高的树上，是干净的，可以不洗，但是烹调前必须用开水焯一下。

怎么吃更营养

开水焯

香椿中含有比其他蔬菜都多的亚硝酸盐，也含有草酸，氽烫二三分钟，这些有害物质就能大量减少。之后再进行烹调即可。

香椿炒鸡蛋

材料：香椿 100 克，鸡蛋 2 个，鲜酱油、盐、料酒各适量。

做法：1. 把香椿洗干净，在开水中焯烫一会儿捞出，放凉后切碎。

2. 将鸡蛋打入碗内，用筷子打散，把切碎的香椿倒入鸡蛋液里，并放入盐、料酒、鲜酱油搅拌均匀。

3. 锅中放油烧热，把鸡蛋液倒入锅中，带其凝固后用锅铲划成小块，炒熟后盛出即可。

功效：开胃健脾，增加食欲。

黄花菜性凉，味甘，归肝、脾、肾经，有清热解毒、利尿消肿、通乳的功效。

孕期 宜吃

黄花菜含有丰富的卵磷脂，对大脑功能有增强和改善的作用，被称为“健脑菜”，孕妈妈吃黄花菜可促进胎儿大脑发育。另外，《本草纲目》认为黄花菜“令人好欢乐，无忧，轻身明目”，吃了可让人心情好，因此黄花菜也被称为“忘忧草”，可帮助消除孕期坏情绪。另外，吃黄花菜还可减肥、保护眼睛。

月子里 少吃

黄花菜性凉，月子里不适合大量食用。如果小便不利、腹痛、睡眠不安，则可以少吃一些黄花菜。与温补食物如党参、黄芪搭配煮汤，有助于减轻不适并补虚。

哺乳期 宜吃

黄花菜有通乳、补血的功效，哺乳期可以食用。哺乳期妈妈照顾宝宝，容易神经衰弱，夜里睡眠质量下降，心烦体虚，吃黄花菜可以帮助消除这些症状。如果母乳不足还可适当多吃一些。

选购与清洗

黄花菜应尽量选干品，鲜品处理不好容易中毒。干品要干爽、质轻、没有发涩黏手的感觉就是正常的。如果黏手，不能买。另外，应选颜色不是那么好看的，如果颜色偏浅、偏黄的，就不要买了。清洗黄花菜之前要浸泡，如果确定没有硫黄，浸泡 20 分钟清洗即可。不能确定建议浸泡 2 小时左右，中间换水二三次。

怎么吃更营养

吃鲜品预防中毒

吃鲜黄花菜的时候必须先用开水煮熟、煮透，将其中的秋水仙碱清除出去，才能避免中毒。

黄花菜 + 猪肉

可防治精神衰弱、体虚乏力，还可提升食欲。

黄花菜 + 鸡蛋

黄花菜搭配鸡蛋可清热润燥、滋阴润肺并有止血消炎功效。

蕨菜

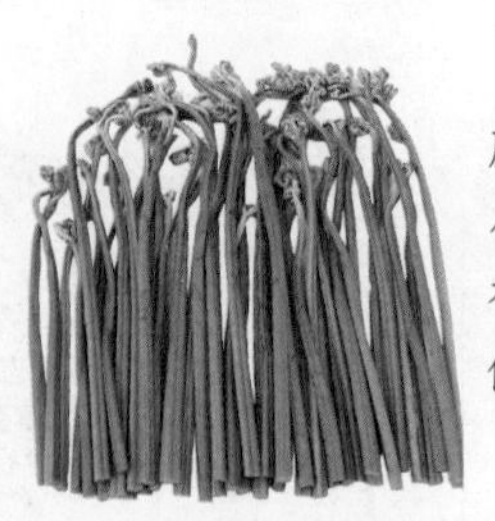

蕨菜性冷滑，味甘，有小毒，归大肠、膀胱经，有清热解毒、利尿滑肠、健胃的功效。

孕期 少吃

《本草纲目》认为："蕨之无益，为其性冷而滑，能利水道，泄阳气，降而不升，耗人真元也。"但吃多了会让人精气耗损，不利于健康，所以常人也不宜多吃、久吃。如果脾胃虚寒更不应该吃。孕妈妈应少吃。

月子里 忌吃

月子期间的新妈妈身体素质相当于病后初愈，脾胃虚弱，气亏血虚，如果吃蕨菜会加重这种情形。月子里不能吃蕨菜。而且，一切冷、滑的食物都不适合月子里食用，不利于创伤痊愈，也不利于身体恢复。

哺乳期 少吃

哺乳妈妈需要大量能量，蕨菜却能让人精气耗损，不宜多吃。

金针菇

金针菇性寒凉，味甘，归脾、大肠经，有健脑益智、抗菌消炎、抗疲劳的功效。

孕期 少吃

孕期宜少量食用金针菇，其中精氨酸和赖氨酸含量特别高，可促进胎儿大脑发育。但金针菇性寒凉，有滑肠功效，不宜一次吃太多，否则容易腹泻、便血，甚至导致流产。

月子里 忌吃

金针菇性寒凉，月子里食用不利于产后伤口愈合。而且，金针菇所含纤维韧性比较好，很难嚼碎。分娩时，牙齿会出现松动，月子里吃金针菇会加重这种情形。嚼不碎的金针菇进入肠胃也增加消化压力。

哺乳期 宜吃

金针菇营养丰富，含有丰富且优质的蛋白质，有良好的下奶作用，母乳分泌不足的哺乳妈妈可常吃金针菇。不过，如果宝宝因为受寒而腹泻，哺乳妈妈就不能吃了。

香菇性平，味甘，无毒，归肝、胃经，有益智安神、美容养颜、健脾开胃的功效。

孕期慎吃

香菇有破血功能，《本草纲目》记载其“益气，不饥，治风破血”，所以孕期食用香菇需慎重，在胎儿不稳易流产的孕早期最好不吃。对于有流产先兆或者习惯性流产的孕妇，最好不吃香菇。

月子里宜吃

香菇的破血功效正适合月子期食用,可帮助恶露尽快排出。而且《本草纲目》认为香菇“能益胃及理小便不禁”。月子期间的大多数新妈妈因为怀孕和分娩时盆底肌肉松弛了，都有一点尿失禁的问题，吃点香菇可辅助改善这种状态。而且，香菇性平，不寒不燥，不会对产后身体有额外的损伤。

哺乳期慎吃

香菇属发物，容易诱发或者加重慢性病，如果孩子患有湿疹，哺乳期妈妈应该忌吃香菇。

选购与清洗

无论是干香菇还是鲜香菇都要选不大不小的、外形完整的；菌盖是下卷的，而不是散开的；伞下的褶是整齐的，不是有太多倒伏的。

香菇一般不使用农药，只要把泥沙洗掉就可以了。把香菇浸泡在水中，泡一会儿后顺着一个方向搅动一会儿，香菇中的泥沙就会全部掉落在水里了，之后用清水冲洗一下就行了。

怎么吃更营养

香菇 + 牛肉

补气补血，最适合月子里食用。如果月子里出现手足冰冷、四肢乏力，则多吃香菇炖牛肉。

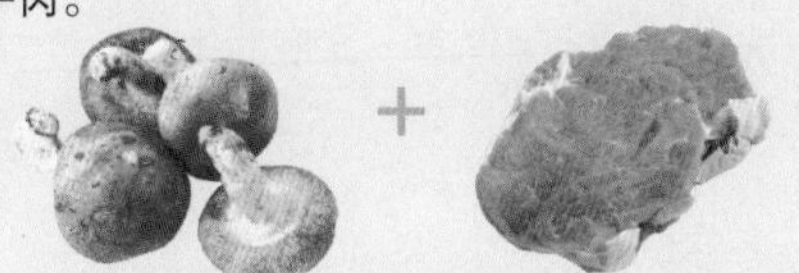

香菇 + 口蘑

香菇搭配口蘑，有消食、降压、润肤、滋补功效，月子里、怀孕期都可以吃。

平菇

平菇性微温，味甘，归肺、胃经，具有祛风散寒、舒筋活络的功效。

孕期宜吃

孕期可以经常吃，有助于提高免疫力。此外，平菇还有良好的舒筋活络功效，孕妈妈身体负担重，容易出现腰腿酸疼、手足麻木症状，适当多吃平菇，在一定程度上可改善以上症状。平菇含有丰富的胡萝卜素和维生素 A 以及叶酸，可以促进胎儿视觉系统发育，还能预防神经畸形。

月子里 哺乳期宜吃

月子里可以吃平菇。平菇含有丰富的维生素和矿物质，具有促进新陈代谢的作用，可以帮助新妈妈尽快排出体内毒素。另外，平菇热量低，月子里和哺乳期多吃平菇，既补充营养还有助于减肥、恢复身材。

选购和清洗

平菇要选择朵密集并且菌盖向下卷的，不选散开的或者向上翻的。要选柄短的，柄长的平菇比较老。清洗时，把平菇一朵一朵地掰开，放入水中浸泡一会儿，然后顺一个方向搅动一会儿，停下来，等转动停止了，静置一会再将平菇捞出来就行了。

怎么吃更营养

平菇 + 豆腐

会提高蛋白质吸收率，而且能起到舒张血管、促进血液循环的作用。

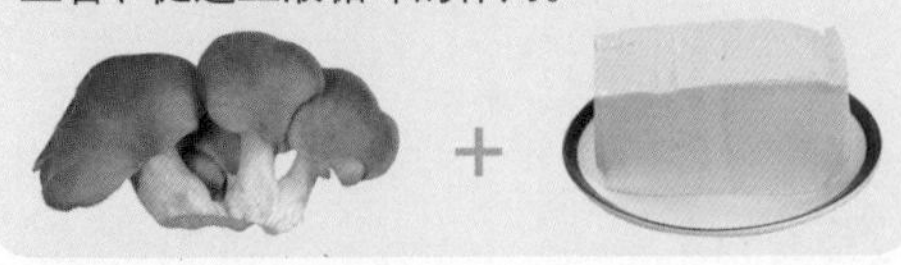

平菇 + 冬瓜

利水，可以帮助孕妈妈消肿。

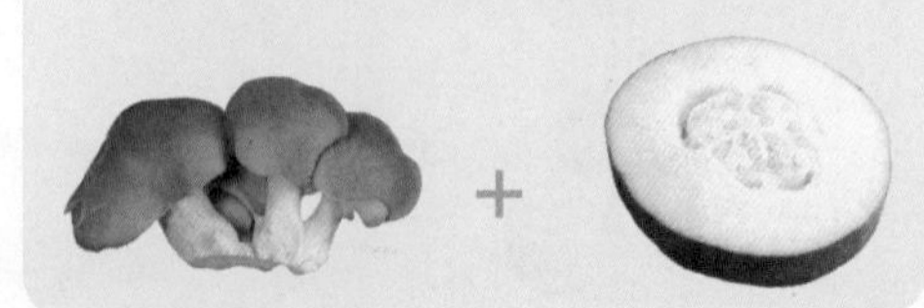

清汤平菇

材料： 平菇 250 克，青菜心 50 克，冬笋 50 克，盐、鸡精、鸡汤、绍酒各适量。

做法： 1. 将青菜心洗净，一切为二，用开水烫一下；平菇洗净，切成片，入沸水锅中略烫，捞出沥去水分；冬笋去皮洗净，切片。

2. 锅内加入鸡汤、绍酒、鸡精、盐，下入平菇片、笋片、菜心，煮沸 5 分钟左右，撇去浮沫，倒入汤碗中即成。

功效： 有降低胆固醇、减肥的作用。

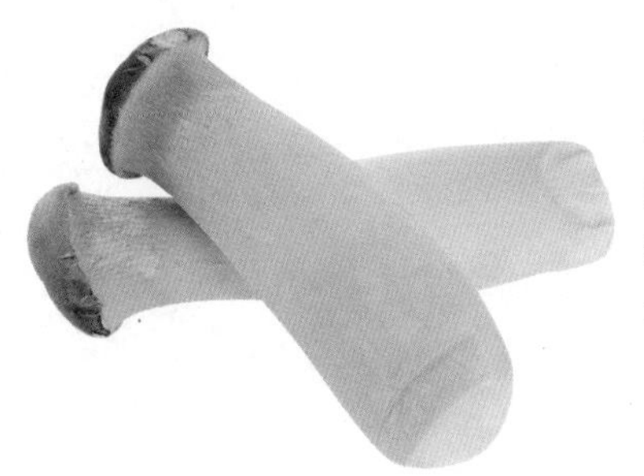

杏鲍菇性平，味甘，归肺、胃经，有行气开胃、追风散寒、补气补虚的功效。

孕期宜吃

杏鲍菇含有杏鲍菇多糖，可调节免疫力，能刺激抗体形成，从而可有效增强孕妈妈的免疫力，还能降血脂。杏鲍菇中丰富的膳食纤维可润肠道，防治便秘。杏鲍菇还含有丰富的蛋白质、人体所需的 8 种氨基酸，可以为胎宝宝提供更多的蛋白质。

月子里宜吃

杏鲍菇不凉不燥，补气补虚，适合月子里怕寒凉又比较虚弱的新妈妈食用。另外，杏鲍菇含有丰富的铁，可以帮助新妈妈补血。而杏鲍菇的热量很低，不会引起发胖。丰富的膳食纤维则可帮助新妈妈促进肠胃蠕动，排出肠道内毒素，让皮肤变好。

哺乳期慎吃

如果孩子身上长了湿疹，哺乳妈妈则不能食用杏鲍菇。杏鲍菇是发物，会加重湿疹。

选购与清洗

杏鲍菇应选直径在 3 厘米左右、长度在 10 厘米左右的。好的杏鲍菇的菌盖应该是向下卷的。

杏鲍菇表面容易沾泥沙，清洗前如果在盐水里浸泡一会儿，泥沙比较易于清洗干净。浸泡后顺着一个方向搅一搅，用清水冲洗一下即可。

怎么吃更营养

手撕

把杏鲍菇切段后再手撕成条，杏鲍菇的纤维就能保持较完整又柔韧的状态，口感会更好。

焯水

烹调前最好在开水里焯一下，开水焯可以彻底杀死杏鲍菇表面的一些细菌，食用更安全。

竹荪

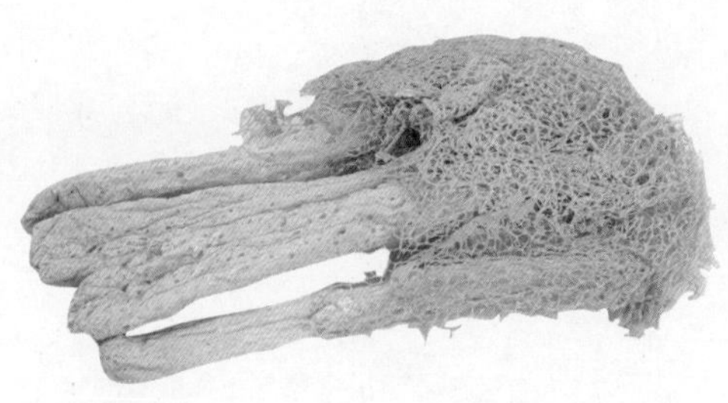

竹荪性凉，味甘、微苦，归肺、胃经，具有益气补脑、宁神健体、补气养阴的功效。

孕期宜吃

竹荪含有人体必需的 8 种氨基酸，适当食用对孕妈妈和胎儿都有好处。另外，竹荪可减少腹部脂肪堆积，民间有“竹荪”能刮油的说法，可预防孕期肥胖。竹荪还有降血糖、降血压的功效。但是，竹荪性凉，本身脾胃虚寒者，最好不要吃。

月子里忌吃

竹荪虽然有这样那样的好处，但在月子里不适合食用，因为竹荪性凉。凉性食物易减缓血液循环，不利于伤口愈合和身体恢复。

哺乳期少吃

哺乳期可以吃竹荪，如果睡眠不好、肠胃不好，食用还有改善作用，但不宜多吃，其性寒凉，可能引起宝宝肠胃不适。

选购与清洗

竹荪要选干制品，要挑颜色微黄的，要挑大的、肉厚的。不能挑白的、小的，肉薄的口感不佳。另外，只要没有虫蛀、发霉即可。

干竹荪烹调前需用温水泡发，在水中可放一些盐杀菌，每次换水前应清洗表面，每次泡 30 分钟左右，共泡 2 小时左右即可。

怎么吃更营养

避免长时间加工

竹荪如果经过长时间高温烹调，那么营养会大量流失。而且，竹荪已经泡发，很容易熟，只要在汤或者菜快成熟时加入即可。

竹荪 + 鸡腿菇

营养更全面，且营养吸收率会提高。

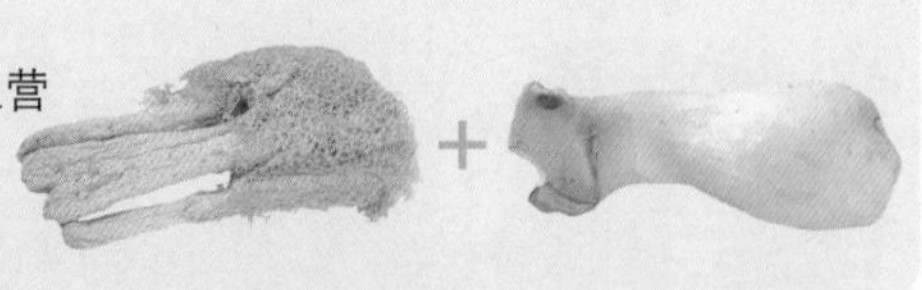

竹荪 + 百合

能润肺止咳。

黑木耳性平，味甘，归肺、大肠经、胃经，有活血化瘀、清肺益气、镇静止痛的功效。

孕期忌吃

《随息居饮食谱》认为黑木耳能“补气耐饥、活血”。如跌伤、摔伤有瘀血了，食用黑木耳可活血化瘀，促进伤痛痊愈。中医也经常用黑木耳治疗静脉曲张，可见其活血功能是很强的。孕期忌吃黑木耳，以免其活血作用波及子宫，影响胎儿稳定，甚至引起流产。

月子里 哺乳期 宜吃

黑木耳的活血、排毒功效可以帮助新妈妈排出恶露和孕期积累在体内的毒素。不过，如果恶露较多、持续时间较长，就不能再吃黑木耳了，因为黑木耳有抗凝血功能，会导致新妈妈过度失血。等恶露排完、子宫基本恢复，就可以继续食用了，哺乳期也可正常食用。

选购与清洗

黑木耳应选根部摘除很干净的，质量要轻，手感要干爽，捏一下要易碎。最重要的是，黑木耳正反两面的颜色应该是不同的：一面是黑褐色，另一面是灰白色的。此外，只要朵形平展、叶片厚实就可以了。

木耳泡发后，换清水，放入一把面粉，搅拌一下，静置 10 分钟，然后搓洗木耳叶片，最后用清水冲一冲即可。

怎么吃更营养

高温煮熟

高温烹煮可以充分释放黑木耳多糖，膳食纤维溶解度也更高，营养价值更高。为了避免肠胃不好的人生食黑木耳后腹泻，不宜泡发后直接食用。

黑木耳 + 红枣

黑木耳的铁含量很高，搭配益脾健胃的红枣食用，可帮助新妈妈补血并养颜、去黑斑。

益母木耳汤

材料：益母草 50 克，黑木耳 30 克，白糖 30 克。

做法：1. 益母草用纱布包好，扎紧口。

2. 黑木耳水发后去蒂洗净，撕成碎片。

3. 锅置火上，放入适量清水、益母草纱包、黑木耳碎片，煎煮 30 分钟，取出益母草纱包，放入白糖，略煮即可。

功效：益母草具有养阴清热的作用，适用于产后恶露不治、血热，木耳有凉血止血的作用。

银耳

银耳性平，味甘、淡，归肺、胃经，有滋阴润肺、生津、养颜、养胃的功效。

孕期宜吃

银耳富含维生素 D，孕期经常吃银耳有助于提高钙的吸收率。银耳的美容养颜功效很好，孕期食用可预防或者淡化色斑，减轻妊娠纹。银耳中的多糖物质可以提高免疫力，丰富的膳食纤维可以促进肠蠕动助肠道排毒素，有排毒减肥的功效。

月子里 哺乳期宜吃

《食物疗法》认为银耳“滋润而不腻滞”，对久病初愈、体质虚弱、不宜用其他补药的病人尤为适宜，月子里宜吃。而银耳美容、补钙、排毒、减肥、祛斑的功效，无论对月子里还是哺乳期的妈妈都益处多多。

选购与清洗

市售银耳都是干品，购买时要选颜色淡黄的，朵要大，形状要圆，间隙要均匀，根部要干净，不能有杂质。颜色过白、过黄都不好。

银耳烹调前要泡发，先用冷水泡开后再用温水浸泡 20 分钟左右，反复冲洗几遍即可烹调。

怎么吃更营养

煮软烂

没有煮软烂的银耳不易消化。

银耳 + 大米

用银耳和大米一起煮粥，能把银耳煮得软烂，容易吸收又温和。

银耳莲子羹

材料：银耳 10 克，莲子 6 克，红枣 10 枚，冰糖适量。

做法：1. 将银耳用清水泡发，除去根部泥沙及杂质，放入碗中。

2. 红枣洗净去核，放入碗中备用。

3. 锅置于火上，加入适量清水，放入银耳、莲子、红枣煮开，小火炖煮 1 小时。

4. 加入冰糖调味，盛入碗中即可。

功效：益气补血、益心安神、滋补养颜。

姜

生姜性微温，味辛，无毒，归脾、肺、胃经，有解表散寒、化痰止咳、止呕的功效。

孕期 少吃

《本草纲目》记载：“食姜久，积热患目，珍屡试有准。”孕妈妈体内容易积热，不宜吃太多姜。一般建议孕期只把姜作为调味料食用，且最好保留姜皮，因为姜皮性凉，在一定程度上起到中和作用。如果经常口渴、患有咽炎或生了痱子，应忌吃姜。孕早期呕吐时，可以含点姜片止呕，但不要咽下去。

月子里 宜吃

生姜有发散功效，有利产后散瘀导滞，月子里宜吃。姜还可通乳，《本草纲目》记载：“产后血滞，冲心不下，生姜五两，水六升，煮三升，分三服。”姜的通散作用可帮助新妈妈早下奶。并且，姜促进血液流通的功能还可让产后新妈妈身体迅速回暖，避免手脚冰凉，有利于产后恢复。

哺乳期 少吃

姜性微温，哺乳妈妈吃多了容易上火，进而引起宝宝上火，最好少吃。

选购与清洗

购买时应选颜色发白、表皮发皱的。颜色亮黄、表皮光滑的姜是用硫黄熏过的。

姜可以去皮，也可以不去皮，洗净即可。如果不小心买到硫黄熏制的姜，则一定要去皮食用。

怎么吃更营养

晚上不能吃

《本草纲目》认为姜是发散之物，“午后至夜间，若非治病，不宜食姜，因夜气收敛”，夜里吃姜违反自然之道。

腐烂不能吃

腐烂生姜毒性很强，可诱发肝癌、食道癌等严重疾病。

葱

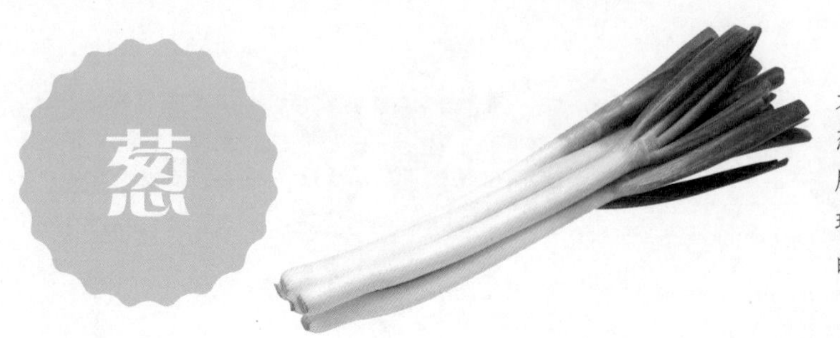

大葱白性平，味辛，葱叶性温，味辛，归肺、胃经，有健脾和胃、理气润肠、发散风寒的功效。

孕期宜吃

《本草纲目》认为葱可“除肝中邪气，安中利五脏”，有利于身体健康，而且烹调菜肴时加些葱进去，可以杀菌，“杀百药毒”，“杀一切鱼、肉毒”。另外，《本草纲目》还特别指出，葱有“安胎”作用。所以，孕期可以放心食用葱。只是葱叶性温，吃多了容易上火，应少吃。

月子里 哺乳期 宜吃

大葱性平，月子里可以食用。《本草纲目》记载葱可“通乳汁，散乳痈”，还“益目睛”，月子里大部分新妈妈的乳腺还没有完全畅通，哺乳也不太规律，容易乳汁瘀积，吃些葱有预防和缓解的作用。不过，哺乳期最好不要多吃，以免上火。

选购与清洗

葱有大葱、小葱之分，市场上有什么就买什么，没有很大分别。只是小葱要买水灵、嫩的，大葱干了也无所谓，尽量挑粗的，葱白长的，更有甜味。

因为葱一般不会使用农药，所以不需要很费力气清洗，只需把葱白部分最外层剥掉，葱叶清洗一下即可。

怎么吃更营养

生吃更营养

如果不介意葱的特殊气味，最好生吃。生吃葱时，保护肝脏、抗肿瘤、发汗解表等功能发挥得更好。

姜丝炒鲜藕

材料：莲藕400克，姜50克，大葱20克，盐3克。

做法：1. 将莲藕洗净去皮，切成薄片，入开水中焯过，捞出沥水。葱、姜洗净，均匀地切成细丝。

2. 锅中放油烧热，下入葱丝、姜丝煸炒，放入莲藕片，炒熟后加入盐调味即可。

功效：能够补充多种营养物质及维生素，且具有促进消化、防止便秘的作用。

水果

苹果性平，味甘、酸，归脾、肺经，具有润肺、健胃、消食、止泻、养心益气的功效。

孕期宜吃

《滇南本草》记载苹果“调营卫而通神明，解瘟疫而止寒热”，对身体能起到很好的保护、调理作用。《本草纲目》认为苹果皮能“治反胃吐痰”，孕早期可以吃点带皮苹果，有缓解早孕不适的作用。

月子里 哺乳期 宜吃

月子里宜吃苹果，不过因为苹果质地较硬，不利于保护牙齿，应榨汁后食用，而且《本草纲目》认为苹果榨汁更有利消化，“治猝食饱气壅不通者，捣汁服”。另外，也可以将苹果切成丁与大米一起煮粥，易消化又减少咀嚼压力。在哺乳期正常食用就可以了。

选购与清洗

购买苹果应挑有匀称条纹、均匀分布小白点且果色很深的，一般都比较甜。另外，只要不烂、不萎、没有虫洞就可以了。

清洗前用盐水泡 20 分钟左右，再用手搓洗一下，最后用清水冲洗二三遍就干净了。

怎么吃更营养

削皮吃

虽然苹果皮营养丰富且有其特殊功效，但孕妈妈吃苹果最好削皮，苹果皮不但有农药残留还有可能被打蜡，削皮后食用更安全。

适量食用

苹果的维生素 C 含量丰富，因此孕妈妈喜欢吃苹果来美白胎儿皮肤，每天一到两个苹果足够了。

桃子性温，味甘、酸，归胃、大肠经，有养阴、润燥、活血的功效。

孕期 慎吃

桃有活血的功效，《随息居饮食谱》认为桃"补心、活血"，《滇南本草》认为其可"通月经"，有活血功效，可能会影响胎儿，孕期需慎吃。另外，桃子性温，吃多了容易上火。消化不良、容易过敏的孕妈妈在孕期更不适合吃桃。

月子里 宜吃

桃性温，可以调理月子里新妈妈偏虚寒的体质，能帮助身体保暖。而活血、通月经的功效能帮助促进恶露排出，从而促进身体恢复，正适合坐月子的妈妈食用。但桃不易消化，不宜多吃。

哺乳期 少吃

桃不易消化，吃多了影响肠胃运行、营养吸收，不宜多吃。另外，有些宝宝可能对桃过敏，如果哺乳妈妈吃过桃后，宝宝出现不适，以后要慎吃。

选购与清洗

好的桃子水灵、甘甜，而且没有虫子。选购时要买颜色有红有白，摸起来坚挺硬实的。

桃子的毛直接用清水不容易洗掉，可以在水里放少许盐泡一会儿，用小刷子刷一刷，然后用清水冲干净即可。

怎么吃更营养

适量食用

桃不易消化，不宜多吃。同时，桃含糖分多，患有糖尿病的新妈妈最好不吃桃。在上火、腹泻时也不要吃。

桃 + 蜂蜜

可生津、润燥。

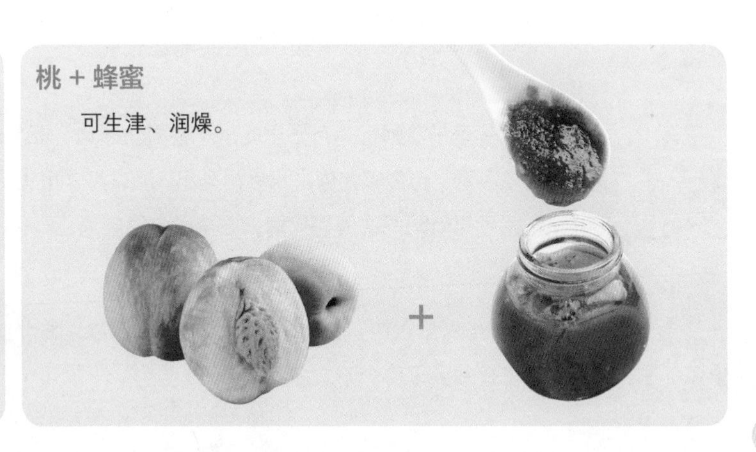

杏

杏性温，味甘、酸，归心、肺经，有生津止渴、润肺定喘的功效。

孕期忌吃

孕妈妈的体质本来就容易上火，而杏子性温，吃后更容易生内热。而且，《食经》还认为杏属“大热”，“不可多食，生痈疖，伤筋骨”，吃多了会长疮、长疖。

月子里忌吃

《饮食须知》记载“生食多伤筋骨。多食昏神，令膈热生痰，动宿疾，发疮痈，落须眉。病目者食，令目盲”，而且特别指出“产妇尤宜忌之”。另外，杏子酸味重，月子里吃杏会进一步损伤本就脆弱的牙齿。

哺乳期少吃

哺乳妈妈如果吃杏上火，乳汁也会跟着变化，引起宝宝上火，所以哺乳期虽然能吃杏，但不宜多吃。

李子

李子性平，味甘酸，归肝、肾经，有清肝、生津、止渴、除热、利水的功效。

孕期忌吃

李子有一定的活血功能，孕期最好不吃。《饮食须知》还指出“妊妇服之，子生疮疖”，因为李子性过热，孕妈妈吃了容易生内热，热气容易积聚在胎儿身体里，出生后容易长疮。

月子里忌吃

李子味酸涩，月子里吃李子会损伤牙齿，而且酸涩的东西对子宫恢复不利，也会影响体内毒素的排出，所以月子里也不适合吃李子。另外，月子里新妈妈的脾胃偏弱，吃李子会影响消化。

哺乳期少吃

《医学入门》认为李子“久食令人虚热，临水食发痰疟”，可见吃李子是利大于弊，不宜多吃。

橙子

橙子性凉，味甘、酸，归肺经，有生津止渴、开胃降气、和中健脾的功效。

孕期 宜吃

橙子性凉，孕期容易上火，经常吃些橙子可以下火，预防内热积滞生病。《开宝本草》记载其可“去恶心”，有降逆和胃的功效，怀孕初期、妊娠呕吐时，可以吃点橙子，缓解不适感。另外，孕期如果胸闷腹胀、便秘、痔疮，可以吃些橙子来缓解症状。不过，脾胃虚寒的孕妈妈不宜吃。

月子里 少吃

橙子性凉，月子里可以少吃一点，影响不大。而且，吃橙子可“治妇人乳结不通，红肿结硬疼痛，恶寒发热”，如果患了乳腺炎，吃橙子还可以起到治疗作用。不过，吃之前建议用开水泡一下，或者榨汁后兑入温开水再饮用，这是安全有利的食用方法。

哺乳期 慎吃

有些宝宝对柑橘类水果过敏，哺乳妈妈吃橙子要谨慎，第一次少吃一点，宝宝没有不良反应后再继续吃。

选购与清洗

购买橙子要选大小中等、果形偏长的，不要选大“肚脐”的，“肚脐”越大，复果越大，复果口感很差。另外，应选弹性好、皮薄的。应避免买打蜡的，能把手染色就是打蜡的。

怎么吃更营养

橙子＋橘子

可提高橘子中维生素 C 的吸收率。

橙子＋奶油

可降低人体对胆固醇的吸收。

橘子

橘子性温，味甘、酸，归肝、胃经，有润肺化痰、理气开胃、止咳生津的功效。

孕期 少吃

橘子性温，若少吃则有润肺、开胃的功效，若多吃则起反作用。《饮食须知》说“多食令膈生痰，滞肺气”。《饮膳正要》说其可“止呕下气”，孕早期少量吃些橘子可减轻反胃症状。

月子里 少吃

橘子性温，月子里宜吃。橘子上的络有通乳的功效，应与橘子瓣一起食用。不过，橘子味酸，会刺激牙齿，另外也会引起上火，不宜多吃。上火时应忌吃橘子。如果着凉感冒了，也不要吃橘子，《随息居饮食谱》就记载其“风寒为病忌之”。

哺乳期 慎吃

橘子吃多了容易上火，哺乳期妈妈不宜多吃。另外，橘子可能会引起某些宝宝过敏，食用必须慎重。

选购与清洗

橘子越偏橙红色越甜，捏起来弹性十足，不空、不软、不硬的，基本可以确定是新鲜好吃的。另外，底部有灰色小圈是甜的，果柄凹陷的是甜的。

怎么吃更营养

适量食用

橘子不能吃太多，建议一天不超过2个，容易上火者吃1个足够。

橘子＋黑木耳

月子里吃柑橘搭配黑木耳，有促进恶露排出的功效。

柚子性寒，味甘、酸，归肺、胃经，有消食、化痰、下气的功效。

孕期宜吃

《本草纲目》记载柚子能“疗妊妇不思食、口淡”，说明孕妈妈是能吃柚子的，而且在食欲不佳、口淡无味的时候吃最好，能消食开胃。柚子含有丰富的维生素 C 和铁，能预防孕期贫血。另外，柚子还含有类似胰岛素物质，且钾含量也高，适当食用，可防治妊娠糖尿病、高血压。如果孕期患感冒、咳嗽，可适当吃些柚子。注意，脾虚泄泻的孕妈妈不要多吃。

月子里忌吃

柚子性寒，月子里吃柚子会阻滞气血运行，不利于产后恢复，所以，月子里尽量不要吃柚子。体质虚弱的新妈妈更不能吃。在上火或消化不良，不适宜吃药时，可少量吃一些，起到食疗降火的作用。

哺乳期慎吃

哺乳期妈妈吃多了柚子可能引起宝宝腹泻，也有的宝宝会过敏，哺乳期吃柚子应该少量且谨慎。

选购与清洗

柚子应挑上尖下宽的果形。另外，应挑重的，一般来说，对于同等大小的柚子应挑重的，最后按压一下是否硬实，硬实的皮薄。这样挑出来的柚子一般都水分大、口感好。

怎么吃更营养

柚子 + 栗子

可预防感冒，保护牙龈。

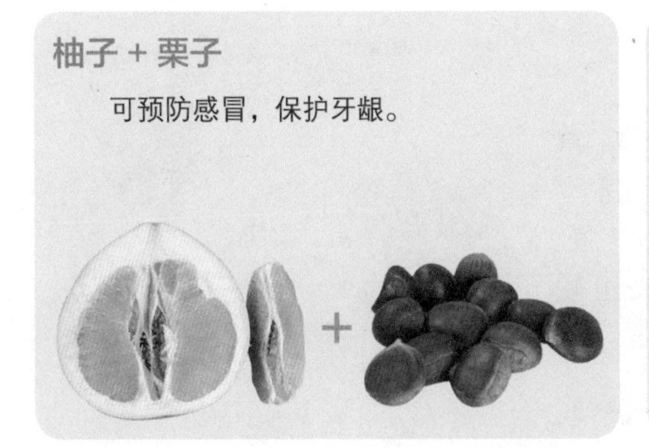

柚子 + 西红柿

低热、低糖又美白。

金橘性温，味甘、酸、辛，归肺、肝、脾经，有行气解郁、生津止渴、化痰、消食等功效。

孕期 宜吃

《随息居饮食谱》认为金橘能“醒脾，辟秽，化痰，消食”，《本草纲目》说其“下气快膈，止渴解酲，辟臭。皮尤佳”，可见食用金橘的益处很多，孕妈妈也可以吃。金橘富含维生素A，可预防妊娠斑并增强皮肤弹性，减轻妊娠纹。金橘所含的维生素P可软化血管，预防妊娠高血压。如果孕期咳嗽有痰，可适量吃些金橘化痰止咳。

月子里 宜吃

金橘性温，适宜新妈妈吃。食欲不佳的时候可以吃点金橘醒脾、提升食欲。月子里新妈妈不能外出，可能会有胸闷感觉，吃点金橘也可改善。只是味道比较酸，对牙齿有一定的刺激，所以不宜多吃。

哺乳期 宜吃

哺乳期吃金橘可以增进食欲，让哺乳妈妈多摄入营养，有利泌乳，不过还是不要多吃，以免上火。

选购与清洗

购买金橘要选颜色鲜亮，金黄或者橙色的都可以，不要选泛青或者苍黄的。有弹性、能捏出油的是新鲜的。底部有圆圈、果柄凹陷的是甜的，底部不是圆圈、果柄突起的是酸的。

用淘米水或者在水中加点小苏打浸泡一下金橘，去除农药，然后搓洗一下，冲干净，再用盐水浸泡一会儿，杀菌，沥干水就可以吃了。

怎么吃更营养

连皮吃

金橘要连皮一起吃，金橘的皮比瓤营养更丰富，连皮一起吃的保健功效更好。

金橘＋蜂蜜

蜂蜜具有润燥补中、解毒清热的作用，二者搭配泡水喝，能够缓解食欲不振、预防感冒、解酒开胃、止咳化痰。

草莓

草莓性凉，味甘、酸，归脾、肺经，有润肺、健脾、解热、消暑的功效。

孕期宜吃

草莓中含有丰富的维生素 C 和铁，不仅能美白肌肤还能预防孕期贫血。另外，维生素 C 摄入充足时，也可改善孕妈妈的牙龈出血。如果在饭后吃几颗草莓，即使吃了比较油腻的饭菜也能迅速消化、吸收，减轻肠胃负担。草莓还含有胡萝卜素，能在体内转化成维生素 A，有助于胎儿视力的发育。不过在肺寒咳嗽时，孕妈妈就不要吃草莓了。

月子里 哺乳期 少吃

尽管食用草莓有很多的好处，但草莓性凉，不提倡月子里新妈妈大量食用，以免草莓的寒凉阻滞气血运行，妨碍身体恢复。月子里想吃草莓时，一定要少量，可以放在大米粥里煮一煮再吃，能减轻其寒凉。同理，哺乳期也不能吃太多。

选购与清洗

首先，不要买反季草莓，因为可能含有激素。其次，不要选畸形、果形过大的，因为可能含有激素。一般当季、果形周正的比较安全。

清洗草莓很重要，其上不但有农药残留，还有细菌、灰尘。清洗时不要去蒂，先用淡盐水浸泡 10 分钟左右，然后再轻轻搓洗草莓表面，清洗二三遍就可以吃了。

怎么吃更营养

草莓 + 牛奶

清凉解渴，养心安神，而且可提高肠道对牛奶中维生素 B_{12} 的吸收率。

草莓 + 玉米

可以消除面部黑斑。

桑葚

桑葚性寒，味甘、酸，具有乌发明目、生津润燥、利尿、消暑的功效。

孕期宜吃

孕妈妈宜吃桑葚。《本草纲目》记载桑葚“久服不饥，安魂镇神，令人聪明”。在孕期，孕妈妈容易烦躁不安、情绪不稳，也容易失眠，常吃桑葚可帮助平复情绪，也可改善失眠。桑葚的维生素含量非常高，另外还含有活性蛋白、花青素等物质，能促进红细胞生长并防止白细胞减少，增强免疫力。体质偏寒，有腹泻、便溏症状的孕妈妈，不宜吃桑葚。

月子里忌吃

桑葚寒性较重，比凉性食物更不利于血液运行，所以新妈妈不宜食用。如果新妈妈体质偏热或者上火了，可以吃桑葚调和，但是不宜多吃，以免影响身体恢复。

哺乳期少吃

桑葚寒性重，哺乳妈妈食用可能殃及宝宝，引起腹泻。哺乳期可以偶尔吃一点，但不能大量食用，也不要经常食用。

选购与清洗

桑葚要选饱满丰盈、光亮、颜色紫黑的，拿在手里感觉弹性很好的就是新鲜的。萎缩、无光、弹性差的都是不新鲜的。

桑葚有很多缝隙，农药残留比较严重，需先在自来水下持续冲洗一会儿，然后放到淡盐水或者淘米水里泡 10 分钟左右，最后搓洗一下，清水冲干净。切记在洗之前不要摘掉蒂，以免农药进入果实。

怎么吃更营养

桑葚 + 糯米

可补肝肾、补血、明目。

桑葚 + 蜂蜜

可滋阴补血，白发转黑。

葡萄性平，味甘、酸，归肝、肾、肺经，具有补气血、强筋骨、补益肝肾的功效。

孕期宜吃

葡萄有很好的安胎功效，《滇南本草》记载“妊孕人，子上冲心，饮之即下，其胎安”，所以孕期是可以食用葡萄的。葡萄保健功效也很好，《本草纲目》记载其可“益气倍力强志，令人肥健，耐饥忍风寒。久食，轻身不老延年”。对于孕期水肿、牙龈肿痛、贫血等，吃葡萄都可以缓解症状，但不宜多吃，《本草蒙筌》认为“多食卒烦闷眼昏”。

月子里 哺乳期 宜吃

月子里宜吃葡萄。葡萄中所含的大量葡萄糖可以快速补充体力，解除因分娩消耗而引起的疲劳感。另外，葡萄含铁丰富，新妈妈适量食用可补血，促进产后恢复。不过，葡萄也有一定的酸味，月子里不宜多吃，不然容易引起牙疼。哺乳期食用也可帮助预防贫血。

选购与清洗

葡萄要选果穗齐整、果粒紧密、落子少的。另外，大颗粒越多、小颗粒越少的越甜。不要选果粒掉落多的，不新鲜。另外有个规律：若最下面的一颗甜，则整串都甜。

葡萄要用剪刀一粒粒地连蒂一起剪下，泡入水盆中，放入一把面粉，搅匀后静置一会儿，然后一颗一颗地搓洗。

怎么吃更营养

葡萄＋橙子

可美容养颜、补铁补血。

葡萄＋山药

补虚养身。

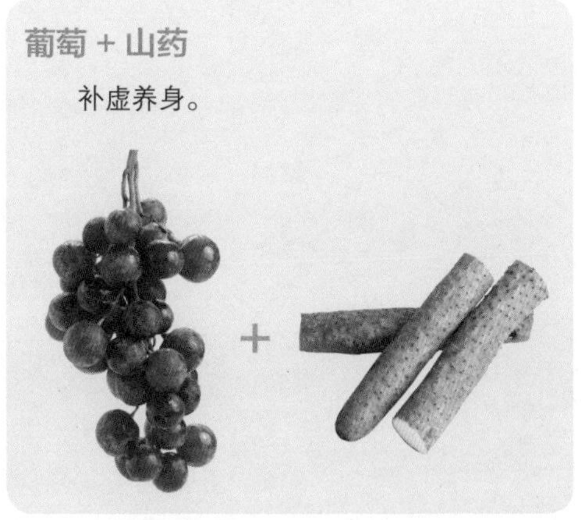

专题 选对食物，不长妊娠斑

脸上的斑斑点点最毁形象，但妊娠期的激素变化最容易在脸上留下妊娠斑。在孕期，除了要做好防晒、护肤之外，饮食上多注意一点，可有效预防妊娠斑。以下物质都能预防或者淡化妊娠斑，孕妈妈可适量多吃一些。

谷胱甘肽

谷胱甘肽能抑制络氨酸酶的活性，进而减少色素形成和沉积，西红柿、洋葱、大蒜都能合成谷胱甘肽，可以适当食用。

硒

硒具有良好的抗氧化作用，适当摄入能预防皮肤色斑形成，鸡蛋清、海产品、葡萄干、动物的肝、肾都富含硒，孕期适当食用。

维生素C

维生素C可以淡化色斑，将深色素还原成浅色素，含有维生素C的食物很多，如蔬菜、水果，枣、柑橘、西蓝花、南瓜、猕猴桃等黄绿色果蔬中含量更高。

维生素E

维生素E有抑制过氧化脂质形成的功效，能预防黄褐斑形成，适当摄入对皮肤也有好处。卷心菜、花菜、豆类、芝麻、海藻、坚果等都有丰富的维生素E。

铁

体内铁充足，血液循环就好，皮肤氧气供应就充分，这样皮肤代谢废物就有足够的力量排出体内，避免色素堆积形成妊娠斑，要充分摄入铁。铁含量丰富的食物有瘦肉、猪肝、蛋黄、海带、樱桃、豆类食品等。

另外，西红柿、莴笋、黑芝麻、西瓜等有促进血液循环的作用。血液循环好，代谢就好，色斑自然就少。

梨性凉，味甘、酸，归肺、胃经，有清热润燥、生津止渴、润肺化痰的功效。

孕期 少吃

梨性凉，能清热去火，特别是营养过度导致的内火，吃梨能很好地化解，《本草经疏》说“膏粱之家，厚味酽酒，纵恣无节，必多痰火卒中痈疽之病，数食梨，可变危为安”。但不宜多吃，《本草衍义》认为“多食则动脾”，特别是脾胃虚寒、着凉咳嗽的人更不应该食用。另外，梨含糖量高，患有妊娠糖尿病的孕妈妈不宜食用。

月子里 忌吃

《本草经疏》说一切寒症都不能吃梨，“肺寒咳嗽、脾家泄泻、腹痛冷积、寒痰痰饮、妇人产后、小儿痘后、胃冷呕吐，法咸忌之”。月子时，身体也多处在虚寒状态，不能吃梨。

哺乳期 慎吃

《本草经疏》认为梨“乳妇金疮不可食者，以血得寒则凝而成瘀为病也”，哺乳期或者身体有外伤，体内血液循环需要维持比较顺畅的状态才能健康。吃梨后，血液遇寒运行不畅，就容易生病。

选购与清洗

梨要挑果形周正的，皮要光滑，看起来比较薄。表面不能有凹坑，底部的窝要深，果柄周围不能萎缩，这样的梨味道好，水分也足。

孕妈妈食用梨还是削皮为好，尽管梨皮营养也很丰富，但是可能会残留较多农药。

怎么吃更营养

梨＋冰糖、蜂蜜

用冰糖或蜂蜜炖梨，也可将梨切成小块用蜂蜜拌着吃，可清热降火，缓解上火引起的咳嗽。

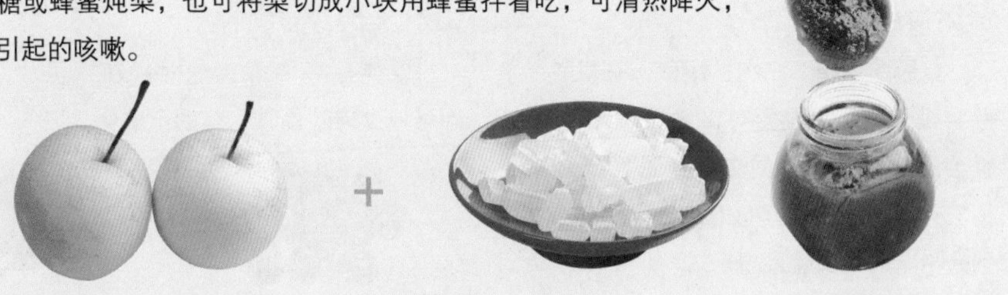

山楂

山楂性温，味甘、酸，归肝、脾、胃经，有活血化瘀、健胃消食的功效。

孕期忌吃

山楂具有良好的活血化瘀功能，《日用本草》记载其能“消血痞气块”，《隐息居饮食谱》说其能“化血块，气块，活血”。孕妈妈吃山楂，会引起子宫平滑肌收缩，这对胎儿来说很危险。孕期就不要吃山楂了，特别是在胎儿不稳定的孕早期，孕妈妈更不要吃山楂，山楂糕、山楂片等山楂制品也不能吃。

月子里宜吃

山楂性温，同时又有活血化瘀功能，月子里吃点山楂对促进血液运行、排出恶露、子宫恢复是有好处的。而且，山楂可帮助消化，尤其吃肉不消化的时候，吃点山楂有助于消化。但是，山楂酸性太强容易伤牙齿，也不宜多吃，《随息居饮食谱》记载：“多食耗气，损齿，易饥，空腹及羸弱人或虚病后忌之。”建议煮粥时，将山楂切碎放一点即可。

哺乳期忌吃

山楂有一定的回奶作用，哺乳期应忌吃，特别是乳汁分泌本来就少的哺乳妈妈，更不要吃。

选购与清洗

山楂要选亮红的、大小适中的，果实略硬，手感较重的，表皮无裂纹或者虫眼。

清水加盐把山楂放进去泡一会儿，换水，一颗颗地搓洗，洗干净后再用清水冲一冲就可以了。去核要在洗干净后再处理。

怎么吃更营养

饭后食用

空腹吃山楂，山楂的果酸、有机酸加上胃里分泌的胃酸会对胃造成较大刺激，就会形成结石，时间久了还可能出现溃疡。有胃病的人不宜吃山楂。饭后食用特别是吃肉后吃山楂最好。

山楂 + 肉类

吃肉后或者煮肉的时候在锅里放几颗山楂，都可减少肉的油腻，有助于消化。

香瓜性寒，味甘，归胃、肺、大肠经，有清热、消暑、解渴、利水功效。

孕期 宜吃

《食疗本草》认为香瓜“止渴,益气,除烦热,利小便,通三焦壅塞气”,孕妈妈体质特殊，容易感觉燥热，适量吃些香瓜可消暑、解渴，还能除烦、消肿。香瓜中的芳香物质可促进食欲,所含铁可预防孕期贫血。不过,吃香瓜不宜过量,《本草衍义》记载香瓜“多食未有不下痢者，为其消损阳气故也”。此外，香瓜的糖分较高，患有妊娠糖尿病的孕妈妈忌吃。

月子里 哺乳期 少吃

香瓜性寒，这是月子里饮食需要注意的忌讳。如果新妈妈体内有积热，可以少量吃香瓜。食用前最好将香瓜在温水里泡过，从冰箱里刚取出的香瓜不能直接吃。

宝宝脾胃虚弱，香瓜性寒，会加重这种情况，哺乳期应该少吃。

选购与清洗

选香瓜要闻底部，甜香瓜会有较浓郁的香甜气息。挑选时可以捏一捏，感觉有弹性，不软也不硬的，是成熟又新鲜的。不能选拿起来沉甸甸、像石头一样的，一般为生瓜。香瓜肉比较厚，可去皮，孕妈妈食用香瓜以去皮为好，以避免吃进残留农药。

怎么吃更营养

香瓜 + 银耳

香瓜和银耳搭配，铁的吸收率会提高。

四色拼盘

材料：石榴 180 克，猕猴桃 125 克，香瓜 185 克，樱桃 85 克。

做法：1. 将石榴、猕猴桃、香瓜去皮洗净，切片。

2. 将上述材料摆入盘中，以樱桃点缀，即可。

功效：营养价值丰富多样，可补充人体内所需的能量和营养素，且消暑除烦、生津解渴。

西瓜性寒，味甘，归心、胃、膀胱经，有消暑除烦、生津解渴、利尿的功效。

孕期少吃

《本草纲目》认为西瓜不宜多吃，“世俗以为醍醐灌顶，甘露洒心，取其一时之快，不知其伤脾助湿之害也”。所以孕期可以吃西瓜，但不宜多吃。西瓜含有能降低血压的物质，能将不溶性蛋白质转化成可溶性蛋白质，能缓解水肿，但是含糖量较高，患有糖尿病的孕妈妈不能食用。

月子里 哺乳期 少吃

西瓜性寒，月子里吃西瓜影响气血运行，对产后恢复不利，不吃为宜。特别想吃时，只能少吃一点，要用热水泡泡或者榨汁加一些温开水饮用。冰镇西瓜绝对不能吃，经过太阳暴晒的也不能吃，中医认为经过暴晒的西瓜寒气内聚，对寒凉体质的新妈妈更不利。

哺乳期也应少吃，吃多了也可引起宝宝腹泻。

选购与清洗

西瓜要选瓜蒂弯曲折向瓜体的，其成熟度高，比较甜。另外，要选花纹清晰、摸起来有凹凸感、瓜皮发亮的、肚脐小且平、按压有弹性感的西瓜，肚脐大的瓜肉少。把西瓜表面的泥土冲掉后即可切开食用。

怎么吃更营养

西瓜 + 芹菜

西瓜和芹菜搭配榨汁，有降血压、利尿消肿、舒缓压力的作用。

西瓜 + 蜜桃

将二者榨汁喝，不但解暑消渴、止咳化痰，蜜桃还可以改善皮肤弹性，使皮肤红润。

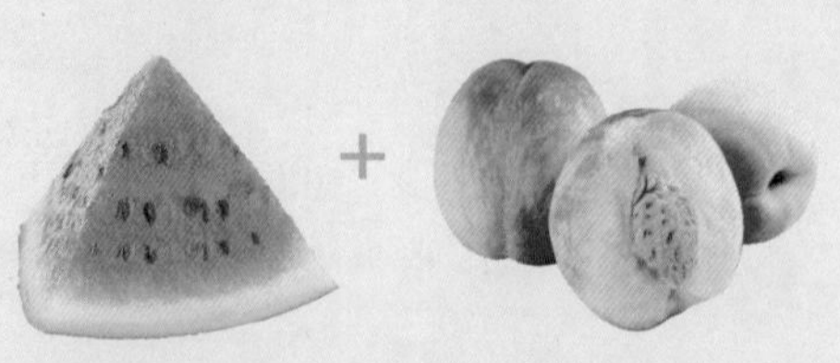

杨梅性温，味甘、酸，归肺、胃经，具有生津止渴、消食解暑、止泻、止呕、利尿等功效。

孕期少吃

杨梅味酸且有止呕功效，孕早期食用可以缓解妊娠呕吐。胃口不好的时候吃杨梅，可开胃消食，提振食欲。不过，一定不要多吃，《本经逢原》记载："血热火旺人，不宜多食。"孕妈妈一般都属于血热火旺体质，吃多了很容易上火。而且还有其他害处，《本草纲目》记载"切不可多食，甚能损齿及筋"，"多吃发疮致痰"。

月子里 哺乳期 宜吃

杨梅性温，月子里可以食用。哺乳期也可食用，杨梅的钙、磷、铁含量比其他水果高很多倍，可为新妈妈及哺乳妈妈补充足够的营养，促进产后恢复。杨梅还能阻止体内糖转化成脂肪，可以预防产后肥胖。营养过剩、容易上火的哺乳妈妈不宜多吃。

选购与清洗

杨梅要选个大、果形浑圆、饱满的，表面要一粒一粒地突起，颜色要正红，黑红或者发青的不要买。摸上去有弹性的好，过硬的杨梅没成熟，过软的为熟过了。闻起来有清香味的可买，有酒香味的不能买。

杨梅里面有一种小白虫，可以先把杨梅放在水里，然后在水里加盐或者醋或者淀粉、苏打等，能让小虫子跑出来，再冲洗即可。

怎么吃更营养

杨梅 + 蜂蜜

可以消烦止渴、和胃止呕。

杨梅汁

材料：杨梅、蜂蜜。

做法：1. 先将杨梅洗净，然后放入盐水中浸泡约 15 分钟。

2. 将浸泡好的杨梅重新用清水冲洗干净，将水分沥干。

3. 把杨梅放入搅拌机，并加入一勺蜂蜜，搅拌成浆后，用过滤网把汁水过滤出来即可饮用。

注意：不宜饮用过多，一次半杯即可，儿童应该稀释饮用。

甘蔗性寒，味甘，归肺、胃经，具有下气和中、和胃止呕、生津止渴、清热解毒等功效。

孕期 少吃

《滇南本草》记载甘蔗“治一切百毒诸疮”，甘蔗汁则可“治心中恍惚，神魂不定”，还能治“呕吐反胃”，“利大小便”。孕期可以吃甘蔗，上火、烦躁、反胃、水肿、便秘时，孕妈妈还可喝点甘蔗汁来缓解症状。但不宜多吃，甘蔗吃多了也上火，而且甘蔗的含糖量高，孕期摄入糖分过多有可能引起妊娠糖尿病。

月子里 忌吃

甘蔗性寒，不适合月子里食用。月子里的新妈妈一般脾胃功能较差，如果吃甘蔗会加重脾胃负担。而且，寒性食物会使腹部气血运行不畅，严重时还可能引起腹痛。

哺乳期 少吃

甘蔗可润燥生津，哺乳妈妈上火时可以吃点，但不要多吃，以免影响宝宝脾胃。

选购与清洗

买甘蔗要选中等粗细、节少、笔直的，断口是乳白色的，不要黄色的，皮应是紫色带白霜的，闻起来要有清香味。不直的甘蔗的口感不好，闻起来有酒味的甘蔗快腐烂了，有毒素。

怎么吃更营养

榨汁喝

甘蔗的纤维很粗，对舌头、牙龈刺激较大，且含有麦芽糖酶，可以把口腔中的糖转化成麦芽糖，直接嚼甘蔗会损伤口腔，或使舌头起疱，最好榨汁喝。

甘蔗 + 牛奶

甘蔗的寒性可降低，月子里如果想吃甘蔗，可以把牛奶混合甘蔗汁喝一点。

甘蔗 + 小米

健脾养胃。

石榴性温，味甘、酸、涩，归肺、肾、大肠经，具有生津止渴、涩肠止泻、收敛止血等功效。

孕期 少吃

孕期可吃，但孕妈妈容易便秘，而石榴有涩肠作用，《本草纲目》记载其可“止泻痢，崩中，带下”，吃石榴会引起或者加重便秘。另外，《本草纲目》记载“多食伤肺、伤牙而生痰”，可见，孕妈妈应少吃石榴。

月子里 少吃

石榴的酸涩、收敛特点会阻碍气血运行，不利于新妈妈产后恢复。而且分娩时肠道受到的挤压比孕期更甚，月子里也容易便秘，不适合吃石榴。

哺乳期 慎吃

哺乳妈妈需谨慎食用石榴，它含有可抑制泌乳的维生素 B_6，如果哺乳妈妈食用石榴后奶量减少，就不应该再吃。没影响的也不宜多吃，以免上火、便秘。

覆盆子

覆盆子性温，味甘、酸，归肝、肾经，有益肾养肝、固精缩尿的功效。

孕期 慎吃

覆盆子有治疗不孕不育的功效，《本草蒙筌》记载“男子久服强阴，女人多服结孕”，覆盆子可影响人体内激素分泌，而孕期激素分泌如果被人为打乱，则可能出现流产、早产等问题，所以孕妈妈应慎吃覆盆子，尤其是孕早期最好不吃。

月子里 慎吃

覆盆子有缩尿的作用，不利于新妈妈排出孕期积存的过多水分。而且覆盆子也会刺激到子宫，对子宫恢复不利，所以最好不吃。如果有上火症状、小便短赤，则更不能食用。

哺乳期 少吃

覆盆子可催乳，有“美颜色，乌须发”的功效，当哺乳妈妈大量脱发时，可吃点覆盆子，但不宜多吃。

红毛丹

红毛丹性温，味甘、酸，归脾、胃经，具有温中健脾、降逆止泻、生津益血的功效。

孕期宜吃

孕期宜吃红毛丹。红毛丹富含维生素 C，孕期食用可滋养皮肤，预防或者减少妊娠纹，增强免疫力。《本草纲目》记载红毛丹有“暴痢，心腹冷气”的作用，孕期如果腹部受凉、腹泻了，可以吃点红毛丹治疗。不过，红毛丹的含糖量大，患妊娠糖尿病的孕妈妈应忌吃。

月子里 哺乳期 宜吃

红毛丹性温，月子里可以食用，哺乳期食用也没问题。而且，红毛丹富含氨基酸和磷、铁、钙等矿物元素，以及大量的蔗糖、葡萄糖，可以为新妈妈和哺乳妈妈迅速补充能量与营养，从产后疲惫状态中恢复健康。

选购与清洗

红毛丹应选全红但刺尖是青色的，这样的既成熟又新鲜。同时，刺要细长而且柔软的。另外要略硬的。如果表皮有黑斑、开裂，就不能买了，果肉可能坏了。

红毛丹壳很厚，用指甲剥不太容易，可以用两手手指上下相对地捏住红毛丹，像拧螺丝一样旋转就能打开了。

怎么吃更营养

去掉核与肉之间的膜

红毛丹果肉与果核之间有一层膜，这层膜薄且坚硬，吃的时候一定剥离干净，否则吃到胃里会划伤胃黏膜。

香蕉性寒，味甘，归肺、大肠经，具有清热解毒、利尿消肿、润肠通便的功效。

孕期 宜吃

《全国中草药汇编》记载香蕉可“清热解毒，利尿消肿，安胎”，孕期可以吃香蕉。适量吃香蕉能有效预防、减轻上火和水肿、便秘甚至痔疮等孕期常见问题。另外，香蕉含有“泛酸”等成分，可让人开心，防治孕期抑郁症。香蕉还含有丰富的钾，可以预防妊娠高血压。

月子里 慎吃

香蕉性寒，月子里食用香蕉容易影响身体恢复和子宫伤口愈合，所以最好不吃。如果爱吃香蕉，建议放到粥里煮熟后再吃。

哺乳期 少吃

香蕉性寒，对宝宝肠胃也不利，哺乳期不宜多吃。

选购与清洗

香蕉要选中等大小、蕉身粗胖、颜色淡黄色的，柄上和尖上可有一点绿色，回家放一两天就黄了。果皮上有少量芝麻黑点是正常的，只要不是大面积的即可。不要选柄脱落的，因为已成熟过度。

怎么吃更营养

香蕉 + 燕麦

香蕉搭配燕麦片一起食用，可以提高睡眠质量。孕妈妈睡眠质量不好的时候可以在睡前两小时吃香蕉和麦片。

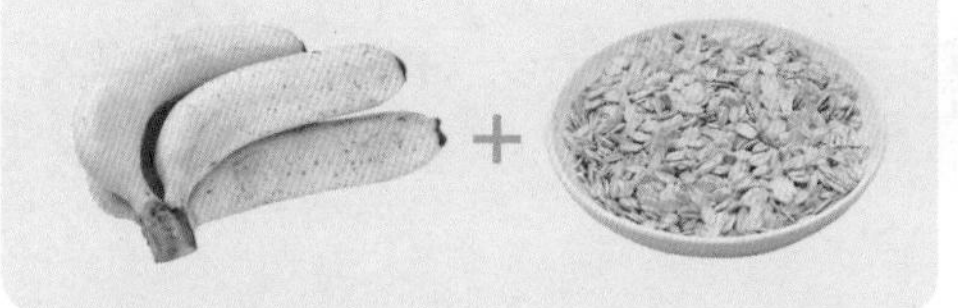

香蕉粥

材料：新鲜香蕉 2 根，大米 100 克，冰糖适量。

做法：1. 先将香蕉去皮，切成丁。

2. 大米淘洗干净，用适量水煮粥，大火煮沸后加入香蕉丁、冰糖，改用小火熬 30 分钟即成。

功效：润燥止咳、解酒和胃，对皮肤也有好处。

木瓜性温，味酸，归肝、脾经，有舒筋活络、化湿和胃、消食、催乳的功效。

孕期 慎吃

《本草再新》记载木瓜“敛肝和脾胃，活血通经”，木瓜含有一种乳胶，能增强子宫收缩，所以有通经的作用，活血通经对胎儿来说很危险。生木瓜、半生的木瓜的活血通经功能更强。为安全起见，孕妈妈不宜吃木瓜。

月子里 哺乳期 宜吃

木瓜有催乳作用，在产后半个月吃木瓜较好。太早催乳，乳腺管还没完全通，容易发生瘀积。另外，木瓜含有酵素，可以帮助消化蛋白质，提高身体对蛋白质的吸收率，月子里饮食蛋白质含量高，吃些木瓜可帮助消化。哺乳期可以吃些木瓜，既预防乳腺炎，也能增进乳汁分泌。

选购与清洗

木瓜要选肚大、果实有弹性、颜色偏橙色的，颜色越深越好。应选果身略有斑点，但斑点处不腐烂，并带有清香味的。

怎么吃更营养

木瓜 + 肉

木瓜中含有木瓜酵素，木瓜酵素提纯物就是松肉粉，能让肉质松嫩可口，炖肉的时候放点木瓜，能让肉更快熟烂。

木瓜 + 鲫鱼、带鱼

可催乳。

杨桃

杨桃性寒，味甘、酸，归肺、心经，具有清热解毒、利水、生津的功效。

孕期宜吃

杨桃富含有机酸，可促消化，其丰富的维生素有预防和淡化妊娠斑的功效。《陆川本草》记载杨桃可“治口烂，牙痛”，孕期患口疮、牙疼都可以吃杨桃治疗。另外，风热咳嗽时可吃杨桃，《泉州本草》记载杨桃鲜食可“治风热咳嗽”。但不宜多吃，《药性考》记载其“多食冷脾胃，动泄澼”。

月子里忌吃

杨桃性寒，月子里不适合吃，不然有可能影响恶露，使之不能顺利排出，并引起腹痛，特别是在月子前半段，最好不要吃。不过，如果月子里上火了，长了口疮或者牙疼，可适量吃些杨桃降火。

哺乳期少吃

杨桃本身就不宜多吃，吃多了伤脾胃，哺乳期更是如此，不要多吃，以免间接伤害宝宝脾胃。

选购与清洗

杨桃要选中小的，表皮要光亮、光滑，手感要比较硬。另外，要选棱上是绿色的，中间是黄色的。应选比较沉的，这样的新鲜。

杨桃有残留的农药，虽然果皮营养很丰富，但吃的时候还是建议将果皮切去。如果不去皮，则应用苏打水浸泡 10 分钟左右再搓洗干净，清水冲干净即可。

怎么吃更营养

杨桃 + 盐

杨桃切片蘸盐吃，对维持人体酸碱平衡很有好处。

专题 月子里的饮食禁忌

月子里不宜吃油腻、辛辣刺激食物

产后新妈妈的肠道蠕动较慢，还要照顾宝宝，需要卧床休息，消化能力不佳，不适合吃油腻和辛辣刺激性食物。此外，饮食中的油腻和辛辣刺激会通过乳汁进入宝宝体内，而新生儿的肠胃功能脆弱，会导致出现腹泻、便秘等，因此月子里最好忌吃油腻和辛辣食物。

产后 5 天内可以米粥、软饭、蛋汤、蔬菜等为主；产后 10 天左右，如果新妈妈的胃肠功能恢复良好，就可以适当选择鸡汤、猪蹄等食物了。但不要一次性吃太多。油炸食物难消化，最好不吃。

辛辣刺激食物如辣椒、花椒、芥末等，最好在整个月子里都不吃。

月子里不宜吃冷、硬食物

冷食对肠胃的刺激较强烈，且容易滋生细菌、微生物，对健康不利。硬食质地细腻、密实，不易消化，而月子里新妈妈的牙齿有松动现象，硬食会影响牙齿健康，从这两点来说应该少吃硬食，比较硬的食物可以打成粉末或榨汁食用。

少吃酸涩、收敛性食物

生产之后，新妈妈会排出恶露，先排 3~4 天血性恶露，需要 2~3 周排尽。恶露是身体内的废物，只有在恶露排出后，身体才能更好、更快地恢复。在这个阶段，应尽量保证体内环境平和、活跃，应少吃酸涩、有收敛作用的食物（如石榴、青梅、杨桃、梨、柠檬、乌梅、芡实等），因为这类食物容易导致血管收缩，引起血液循环不畅，妨碍恶露顺利排出，严重的还会引发恶露不下的病症。

柠檬

柠檬性凉，味酸、甘，归肝、胃经，有化痰止咳、生津健胃的功效。

孕期宜吃

柠檬又被称为“益母果”，适合在孕期吃。《脉药联珠食物考》记载：“浆饮渴瘳，能避暑。孕妇宜食，能安胎。”而且，柠檬还含有类黄酮，可以降低胰岛素的敏感性，帮助孕妈妈预防糖尿病，并能增强血管的弹性和韧性，可帮助预防妊娠高血压，还能抗氧化、抗炎，治疗腰腿痛等。

月子里慎吃

柠檬是凉性的，对产后恢复不利，应该谨慎食用。另外，柠檬的酸味很强烈，月子里吃柠檬会损伤牙齿。可将柠檬挤出汁当调味品用，在一定程度上可减少盐、酱油等的使用。

哺乳期少吃

哺乳妈妈可以少量饮用柠檬水、柠檬汁等，有利于皮肤健康和排便等，但不宜多吃，因为柠檬的酸性太大，可能会影响宝宝肠胃。

选购与清洗

柠檬要挑不大不小、表皮光滑的，要求无虫眼、裂口，手感沉甸甸的，水分大。另外，两头最好带点绿，这样的新鲜。

柠檬表皮既有农药残留物又有蜡，要用45℃热水先浸泡，水中可加入面粉，也可以直接用淘米水加热清洗。浸泡10分钟左右后，把盐撒在柠檬表面用手搓洗，去蜡。最后用水冲干净。

怎么吃更营养

带皮食用

柠檬皮中的类黄酮含量比果肉部分还要高，食用柠檬应该带皮。挤汁、泡水都要带皮。

适量食用

柠檬的酸度较高，泡水喝多了会伤胃。建议把柠檬切成薄片，一片泡三四杯水，每天两片足够。

柠檬＋羊肉

柠檬汁加入羊肉烹调可去除羊肉的腥味。

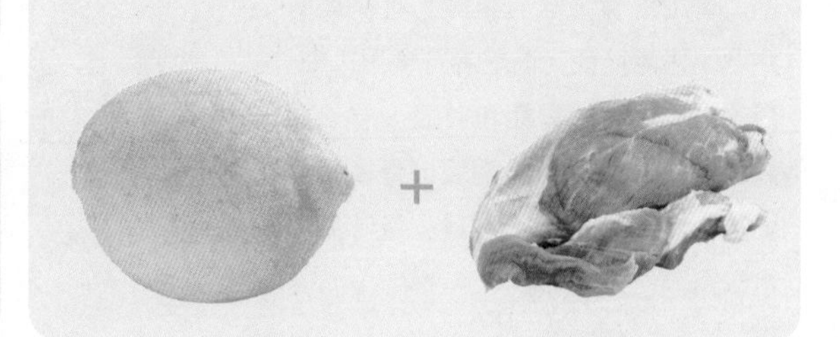

青梅性平，味甘、酸，归脾、肺、肝、大肠经，具有除烦静心、敛肺止咳、止痛止血的功效。

孕期宜吃

青梅较酸，适合孕早期嗜酸的孕妈妈，有缓解孕吐的作用。并且，青梅中的柠檬酸可以缓解孕早期的疲劳感。吃青梅有利于钙吸收，所以孕中晚期食用也有好处。青梅含有儿茶酸，可以刺激肠胃蠕动，能预防孕期便秘。另外，《本草求真》认为青梅“食之开胃生津，清神安睡”，但“多食亦能凝血滞气”，应当适量食用，不宜过多。

月子里慎吃

青梅含有多种有机酸，如柠檬酸、苹果酸、单宁酸、苦叶酸等，月子里食用会刺激牙齿，虽然对身体没多大损害，但也建议慎食。

哺乳期少吃

哺乳期不能吃太多青梅，否则会影响乳汁味道，进而刺激宝宝肠胃，影响肠胃功能。

选购与清洗

青梅要选大的，同时核要小，皮要有光泽。应选口感较脆且细腻、汁水多的。如果肉质绵软，则变质了。另外，质量好的青梅有酸中带甜的香味。

青梅表面可能附着虫卵、细菌等，用淘米水加点盐浸泡 5 分钟左右，让表面的虫卵、细菌等浮起，用手搓干净，再用清水冲洗两遍即可。

怎么吃更营养

鲜食或取汁

青梅鲜食，味道极酸，可能只有早期孕妈妈能接受。怕酸者可食用青梅汁。用 1:1 的比例将青梅和白糖一层一层地码放在罐子里，两星期后，青梅都漂在上层了就成功了。每次舀少量汁兑温开水饮用。

山竹性寒，味甘、酸，归脾、肺、大肠经，具有健脾生津、涩肠止泻的功效。

孕期宜吃

山竹富含蛋白质和脂类，《本草纲目》称其可“暖腹脏，益肌肉”，且碳水化合物含量高，可以帮孕妈妈对抗疲劳感。特别是山竹有很好的降火作用，平时容易上火的孕妈妈最好吃山竹。不过，脾胃虚寒的孕妈妈应忌吃。容易便秘的孕妈妈最好也不要吃，山竹中的膳食纤维进入体内会吸水膨胀，加重便秘。

月子里忌吃

山竹寒性较大，如果新妈妈上火了，可以吃些山竹降火，并能为新妈妈补充能量。对体质较虚弱者，建议就不要吃了。因为新妈妈需要温补，如果吃山竹，则是背道而驰，不利于恢复，还可能诱发一些痼疾，难以恢复。

哺乳期少吃

山竹可清热解毒、润肤减肥，哺乳妈妈可以适当食用，但不宜多吃。山竹性寒，吃多了容易引起宝宝腹泻，并伤害其脾胃。

选购与清洗

购买山竹时，要选蒂是绿色的，表壳按起来是软的，如果干、硬且蒂颜色暗沉，就不适合买。食用山竹需要剥壳，剥前冲洗一下即可。

怎么吃更营养

适量食用

山竹性寒，同时高糖，还容易引起便秘，不宜多吃，一天吃 3 个就足够了。孕期肥胖、患糖尿病者都不应该吃。

山竹 + 榴莲

在有些地方，山竹与榴莲被看成“夫妻果”，吃榴莲上火可吃山竹降火，如果二者搭配着吃则不热不寒。月子里的新妈妈若想吃山竹也可以搭配着榴莲吃，比单吃山竹要好。

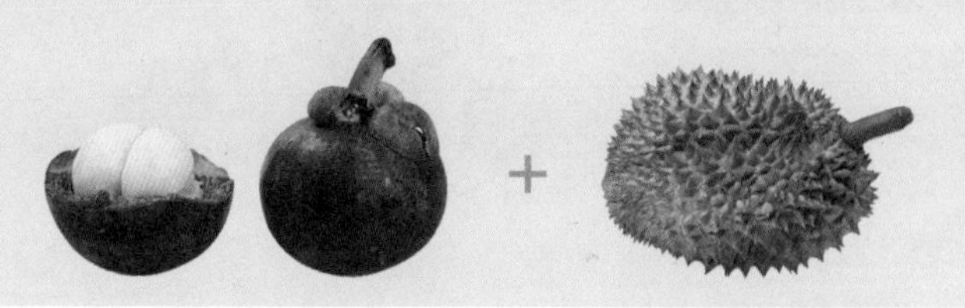

荔枝

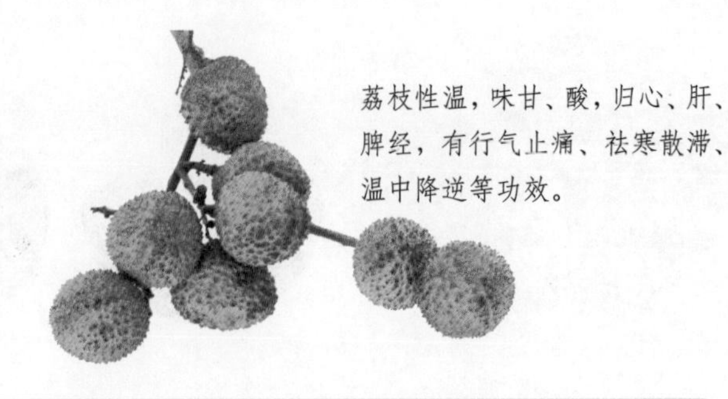

荔枝性温，味甘、酸，归心、肝、脾经，有行气止痛、祛寒散滞、温中降逆等功效。

孕期 少吃

荔枝性温，如果吃多了就会上火，《滇南本草》记载荔枝“过多食，发虚热动血，令牙痛口疼”，上火后会引起胎动不安，所以孕妈妈不宜多吃。适当吃点可“生津止渴，悦色益颜”，促进微循环，让孕妈妈脸部光滑，不生妊娠斑。

月子里 哺乳期 少吃

虽然月子里应该吃温补的食物，但是荔枝吃多了也还是会上火，因此月子里和哺乳期都应少吃。哺乳中的妈妈上火会殃及吃母乳的宝宝。《玉楸药解》记载：“干者味减，不如鲜者，而气质和平，补益无损，不至助火生热，则大胜鲜者。”荔枝干虽然味道不如荔枝，但不上火，可以常吃。

选购与清洗

荔枝要挑颜色深红且带点绿色的，并以个头大的为好。果柄不能有小孔、虫洞。捏起来手感硬实又有弹性的是最好的，太软的为成熟过度。荔枝要剥皮食用，简单冲洗即可，冲洗时不要去柄。

怎么吃更营养

荔枝皮泡水

《物类相感志》记载：“食荔枝多则醉，以壳浸水饮之即解。”用荔枝壳煮水喝就能降火。民间还有个方法，就是吃的时候用牙咬开壳再剥掉，让舌头和壳接触，这样就不会上火。

荔枝 + 凉性水果

荔枝搭配凉性水果、平性水果如香蕉、苹果、奇异果等，一起榨汁食用，可降低荔枝的温热之气。

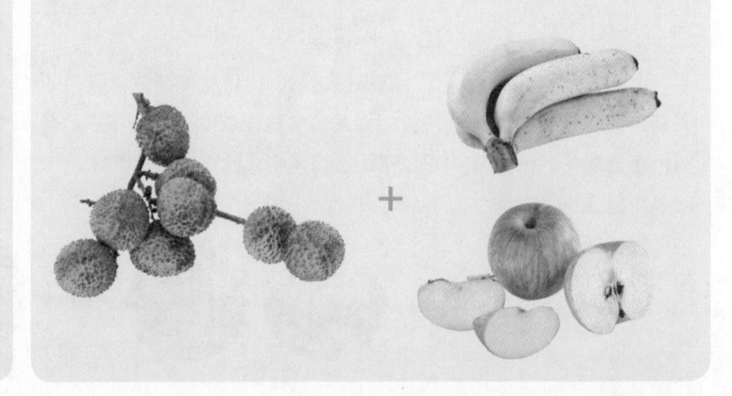

桂圆性温，味甘，归肝、脾经，具有开胃益脾、养血补心、安神长智的功效。

孕期忌吃

孕妈妈处于体质的特殊时期，多数为阴虚内热体质，而桂圆能助火化燥，加重上火症状。当体内积热严重时会影响胎儿，造成胎动不安甚至流产。虽然有些孕妈妈吃了桂圆也没有任何问题，但是不会判断自己的体质，为安全起见，还是建议孕妈妈不要吃。

产前宜吃

龙眼（新鲜桂圆）大补气血，在产前食用龙眼可帮助孕妈妈积攒力气，加速分娩进程。中医名方玉灵膏就是用龙眼肉配西洋参，经过数小时蒸制而成的，《中药大辞典》记载“产妇临产前服之尤佳”。

月子里 哺乳期宜吃

桂圆是滋补良品，《本草求真》记载：“于补气之中，又更存有补血之力。故书载能益脾长智，养心保血。”《中药大辞典》记载“思虑伤脾，头昏，失眠，心悸怔忡，虚羸，病后或产后体虚”，都可吃桂圆治疗。月子里吃些桂圆可以补身体虚弱，哺乳期食用桂圆还能起到安眠作用，同时还有益智功效，可改善产后健忘。不过，不能贪吃，吃多了上火。

选购与清洗

桂圆要选软而有弹性的，太硬的是没熟，没弹性的是熟过头了。果壳及蒂若有白点，可能已经发霉。剥开看看，果肉厚实、透明或半透明就是新鲜的，如果发白就不好吃了。

怎么吃更营养

桂圆＋大米、鸡蛋

将桂圆肉剥出来和大米一起煮粥或者打蛋花汤，可补气、补血、补元气。

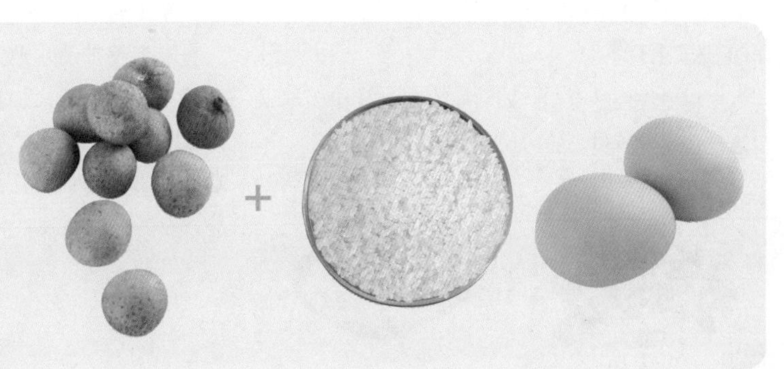

樱桃性温，味甘，归肝、脾经，具有健脾和胃、补中益气、解表祛风、除湿的功效。

孕期宜吃

樱桃的铁含量很高，有助于预防孕期贫血。另外，樱桃含有丰富的钾，可预防孕期高血压。樱桃还能平衡皮肤皮脂分泌，同时其维生素 A 又有延缓皮肤老化的功能。不过也不宜多吃，《本草图经》说“虽多食无损，但发虚热耳”，过多食用会引发虚热。

月子里 哺乳期 宜吃

月子里、哺乳期吃樱桃很好，能温补身体，同时其甘酸味道可以刺激食欲，促进新妈妈和哺乳妈妈摄入营养。如果受风、着凉了则可以吃樱桃缓解。当居住环境较潮湿或者身体代谢功能下降时，吃樱桃可助体内湿气排出。不过不宜多吃，以免伤牙或者上火。

选购与清洗

樱桃要挑颜色偏深红、紫红色的，表皮要光亮，手感要硬实。硬实的一般更新鲜且没虫。果形为“D”形的更甜。

清洗樱桃时，先用自来水冲洗，然后用淘米水浸泡 5 分钟去除农药，再用盐水浸泡 5 分钟杀虫，最后用清水冲干净即可。

怎么吃更营养

适量食用

樱桃性温，吃多了上火，一天食用量建议不超过 100 克。

樱桃 + 白糖

樱桃拌白糖食用，对气管有保健作用，可治疗慢性气管炎。

樱桃银耳汤

材料：樱桃 50 克，银耳、冰糖各适量。

做法：1. 银耳用温水泡发后去掉耳根，洗净，上蒸笼蒸约 10 分钟。

2. 汤锅加清水放入冰糖，微火溶化后放入樱桃，再用旺火烧沸，起锅倒入银耳碗内即成。

功效：滋阴养血、强身健体，还有降压、降脂以及美容的功效。

猕猴桃性寒，味甘、酸，归脾、胃经，有生津止渴、健脾止泻、清热利尿等功效。

孕期宜吃

猕猴桃中含有的铬可以刺激胰岛素分泌，所以吃猕猴桃可以降低血糖。另外，猕猴桃富含维生素C，常被用来治疗坏血病，孕妈妈常吃可保持皮肤弹性、抗氧化，预防妊娠纹和妊娠斑。不过，《本草纲目》记载："有实热者宜食之。太过，则令人脏寒作泄。"脾胃虚寒者不宜吃猕猴桃，正常人也不宜多吃。

月子里忌吃

猕猴桃性寒，月子里应该忌寒凉食物。猕猴桃的寒凉气用热水泡也改变不了多少，如果和粥一起煮，味道又变得比较酸，而且维生素C容易被破坏，食用意义大打折扣，所以应在满月之后再吃。

哺乳期少吃

猕猴桃为寒性水果，哺乳妈妈过量食用时，易导致宝宝腹泻，所以哺乳妈妈不宜多吃。

选购与清洗

猕猴桃要选颜色接近土黄色但蒂是嫩绿色的。好的猕猴桃，其全身软硬度一致，如果部分变软，则可能坏了。太硬的也不能买。成熟的猕猴桃很容易剥皮，剥皮前用自来水冲洗一会儿，把表皮脏污冲去，再剥皮食用。

怎么吃更营养

籽要嚼

猕猴桃籽有坚硬的外壳，直接吞咽无法消化，也就无法吸收其中营养，建议吃的时候慢一点，把籽也细细地嚼碎，让营养吸收率更高。

猕猴桃燕麦粥

材料： 猕猴桃100克，玉米面25克，燕麦片50克。

做法： 1. 将猕猴桃洗干净，去皮，并将其切成小块备用；玉米面用冷水调成糊状；燕麦片倒入适量的开水搅拌均匀。

2. 锅内放水，放入调好的玉米糊，用小火烧开，再加入燕麦片、猕猴桃，一起调匀，即可食用。

功效： 化积养胃、降低胆固醇，对浮肿、便秘等都有辅助效果。

芒果

芒果性凉，味甘、酸，归脾、肺、胃经，有止呕、解渴、利尿、益胃等功效。

孕期 慎吃

妊娠呕吐的时候吃点芒果有止呕作用，不过芒果湿气较重而且含有致敏物质，孕妈妈如果容易过敏或者患有哮喘、皮肤病如湿疹，都不适合吃芒果，否则会殃及胎儿，形成过敏体质。

月子里 少吃

芒果性凉，月子里食用会影响气血运行，降低体内能量代谢率，不利于产后恢复。不过如果恶露不畅，可以将芒果用水煮食来促进恶露排出。经行不通的时候吃芒果可帮助行经。

哺乳期 慎吃

婴幼儿容易过敏，哺乳妈妈吃芒果也要注意，如果宝宝出现了异常反应，如湿疹、腹泻等，以后则不能再吃芒果。

佛手果

佛手果性温，味辛、苦、酸，归肝、脾、肺、胃经，具有理气行气、和胃止呕、燥湿化痰的功效。

孕期 慎吃

吃佛手可止呕，特别是与姜一起煎水，效果更好。不过，佛手果的药效比较强烈，食用量大时可减慢心跳、降低血压。另外，佛手果对肠管平滑肌有较明显的抑制作用，子宫也属于平滑肌，孕期不能随便食用。

月子里 慎吃

佛手果的药性强，而新妈妈体质又太特殊了，不小心就容易损害体质，月子里不吃为好。如果想吃佛手果，一定要咨询中医。

哺乳期 宜吃

哺乳期可以经常吃点佛手果，它含有 17 种人体所需氨基酸，也含有钙、镁等矿物质，对哺乳妈妈身体和宝宝发育都有好处。

火龙果

火龙果性凉，味甘、酸，归胃、大肠经，具有解毒消肿、减肥、美白的功效。

孕期 少吃

火龙果富含花青素，有抗氧化、消除自由基的作用，孕妈妈适量吃一些，可保护血管、光滑皮肤、消除黑斑、抑制炎症、改善视力、防辐射等。火龙果还富含水溶性膳食纤维，预防、改善便秘的效果特别好。不过，火龙果性凉、含糖量高且易吸收，所以不宜多吃。火龙果含有植物蛋白，可能会引起过敏，如果孕妈妈容易过敏则要谨慎食用。

月子里 忌吃

火龙果性凉，女性来月经期间应该禁食，月子里也不应该食用，特别是月子里的前半个月，血性恶露还没有排完的时候，更不能吃火龙果，以免恶露排出不畅。

哺乳期 少吃

火龙果的降火功效很好，凉性较重，哺乳妈妈或者宝宝上火了，妈妈可以吃点火龙果降火，平时不宜多吃，以免伤害宝宝脾胃。

选购与清洗

火龙果要选表皮火红、光亮的，不要选起皱的。红色部分越红、绿色部分越绿，越好。果形应选圆胖的，不要选瘦长的。同等大小的应选重的。软硬适中的最好吃。根部腐烂的不能买。

火龙果在生长过程中几乎不用农药，吃的时候只要简单冲洗一下，挖里面果肉吃即可。

怎么吃更营养

适量食用

火龙果的含糖量高，性凉，不能一次性吃太多，一般一次吃半个即可。

现吃现买

火龙果的水分和养分都容易流失，最好现吃现买。

紫皮内层要食用

火龙果的紫皮内层的花青素含量最丰富，营养价值很高，不要随便丢弃，应该都刮下来吃掉。

菠萝性平，味甘、酸，归肾、胃经，具有消肿、祛湿、除烦、健脾等功效。

孕期 宜吃

菠萝含有一种蛋白质分解酶，类似于胃液，可助消化。在孕早期和孕晚期消化不佳时，可以吃一些菠萝缓解。另外，菠萝还有利尿作用，能消肿，比较适合孕晚期水肿严重的孕妈妈。但菠萝含糖量较高，血糖偏高的孕妈妈应忌吃。菠萝也可致敏，过敏体质的孕妈妈最好谨慎食用。

月子里 宜吃

月子里可以吃菠萝。菠萝中的蛋白酶还有一定的消炎、去水肿作用，可消除局部炎症、水肿。产后，新妈妈的子宫、产道都有一定的瘀血、水肿，吃点菠萝有好处。不过不要吃凉的，特别是不能立即吃刚从冰箱里拿出来的菠萝，要放到室温或者用温水泡泡再食用。

哺乳期 慎吃

菠萝中的生物甙、菠萝蛋白酶都容易引起人体过敏，在哺乳敏感期，慎吃菠萝是较安全的选择，以免含有过敏原的乳汁伤害到宝宝。

选购与清洗

菠萝应选通体黄色、闻起来味道浓郁的，如果喜欢酸的就选带点绿的。另外，应选芽眼少、稀疏并且矮矮胖胖的，这样的水分含量高且中间的芯比较细。

怎么吃更营养

盐水泡

菠萝切块后要先用盐水泡一泡再食用，这样可以消除其中蛋白酶对口腔、食道的刺激。

菠萝 + 肉类

菠萝的蛋白酶可帮助消化，化解肉食带来的油腻，烹调鸡肉、牛肉时加些菠萝块，既增香增色又有利于身体。菠萝古老肉、菠萝牛肉就是好搭配。

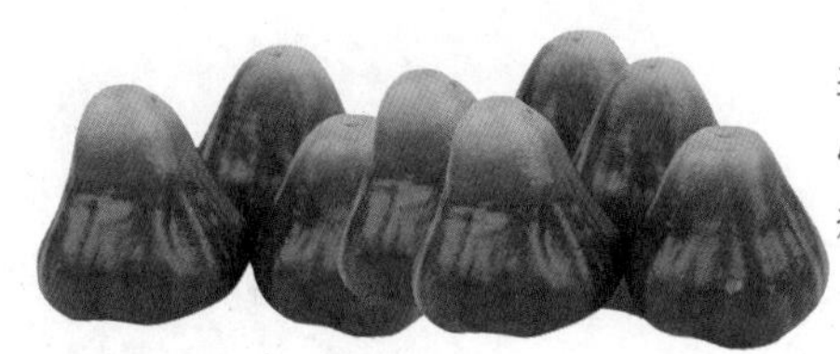

莲雾性平，味甘，归心、肝经，有燥湿止痒、泻火解毒等功效。

孕期宜吃

莲雾含有钙、镁，可以缓解肌肉和神经紧张，让孕妈妈宁心安神，对睡眠也有助益。莲雾还含有丰富的维生素 C、花青素，可帮助孕妈妈美白皮肤。莲雾清肺火的功能特别好，孕妈妈肺热咳嗽、口鼻干燥时，可以吃一些莲雾清火。不过，莲雾的利尿作用特别强，吃后会让孕妈妈频繁上厕所，尿频的时候最好不吃，特别是睡前不要吃，以免影响睡眠。

月子里 哺乳期 宜吃

月子里、哺乳期都可吃莲雾，没有害处，还可以促进消化、缓解便秘、调节酸碱平衡等。不过，月子里为了排出孕期体内潴留的水分，本来就尿多，如果再吃莲雾，更会增加上厕所的频率，因此尿多的阶段建议不吃。

选购与清洗

选购莲雾，其果色越红越好，红得发黑的最甜。此外，应注意看果形，一般来说底部张开越大，成熟度越高，味道越好。莲雾底部容易积存脏污，莲雾用盐水泡一下，然后把底部抠掉，最后用清水冲洗两遍即可。

怎么吃更营养

莲雾 + 坚果

把花生仁、瓜子仁、核桃等炒熟，与莲雾一起用蜂蜜或者盐调味，味道更甜美，而且营养更丰富。

莲雾熘鸡片

材料： 莲雾 2 个，鸡腿肉 200 克，盐、淀粉、葱、姜丝、各适量。

做法： 1. 先把莲雾洗净，切小块，鸡腿肉洗净切片，加入盐、淀粉拌匀。

2. 锅置于火上，倒入适量的油烧热，先放入葱、姜丝爆香，再放入莲雾块和鸡片，炒熟后加盐调味，最后勾芡即可。

功效： 润喉利咽、利尿通便、调中理气。

榴莲性热，味辛、甘，归肝、肺、肾经，具有强身健体、健脾补气、滋阴利胆等功效。

孕期 少吃

民间有“一只榴莲三只鸡”的说法，说明榴莲的滋补功效非常显著，孕妈妈也可以吃，但是不宜多吃。榴莲的膳食纤维丰富，少吃些可预防便秘，但是吃多了，膳食纤维在肠道内膨胀反而会加重便秘，很容易上火。况且榴莲热量非常高，如果孕期吃太多榴莲，孕妈妈和胎儿都可能会超重，也可能会患上糖尿病。《滇南本草》也说了榴莲“不可多食，损伤脾胃”。

月子里 宜吃

产后，新妈妈体质虚寒，正适合食用热性的榴莲，可温暖身体并加强血液循环。《本草纲目》说榴莲可“治心腹冷气”。同时，榴莲的滋补作用不容小觑，在马来西亚等地，女性生产后都把榴莲作为滋补品服用。而且榴莲富含蛋白质，可促进身体快速恢复，也可促进泌乳。不过，榴莲性热，多吃容易上火。

哺乳期 慎吃

榴莲热性很重，很容易引起上火，哺乳期应该少吃，以免妈妈和宝宝都上火。

选购与清洗

榴莲要选尖刺比较平缓、底部较宽大的。不要选又尖又细的，成熟度不好。相邻的两根刺如果能捏拢在一起，则成熟度高。很硬、捏不动的不好。此外，应选颜色偏黄、个头较大的。

怎么吃更营养

适量食用

食用榴莲不能太多，一天 100 克就够了。

榴莲 + 山竹

山竹可消榴莲的热性，榴莲配山竹一起吃，可有效预防上火。

枇杷性平，味酸、甘，归肺、胃经，具有润肺止咳、下气止呕、生津消渴等功效。

孕期宜吃

《本草纲目》记载其“止渴下气，利肺气，止吐逆”，认为它能“润五脏、滋心肺”，有很好的药用功效。妊娠呕吐时，吃一些枇杷能下气止吐。夏天吃则可消暑止渴。枇杷最为人称道的是润肺功能，如果孕妈妈肺热咳嗽，吃些枇杷或者用枇杷加冰糖煎水喝就能缓解。不过，也不宜多吃，《本草纲目》记载“多食发痰热，伤脾”。另外，枇杷的含糖量也较高，多吃不利。

月子里 哺乳期 宜吃

《本草纲目》记载枇杷可治“妇人产后口干”，分娩消耗很大，产后汗多、尿多，一般新妈妈都有点口干舌燥，吃点枇杷能缓解这种不适。而且，枇杷性平，不属于月子里忌讳的性寒食物之列。另外，枇杷有促进消化、增进食欲、补充维生素的作用，哺乳妈妈和新妈妈食用都有利于健康。

选购与清洗

选枇杷以颜色金黄为好，颜色淡黄、发青的味道不好。果实中间圆圆地鼓出来，底座形状越接近五角星的，口感越甜，聚成一个点的不好吃。

枇杷上有一层绒毛，接触喉咙会引发咳嗽，食用前要先用毛刷刷掉。然后再清洗，清洗后剥皮食用。

怎么吃更营养

枇杷＋蜂蜜

可治感冒。

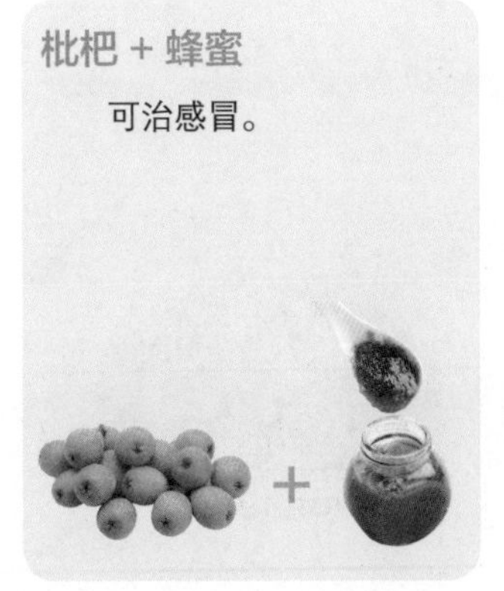

枇杷＋银耳

生津滋阴。

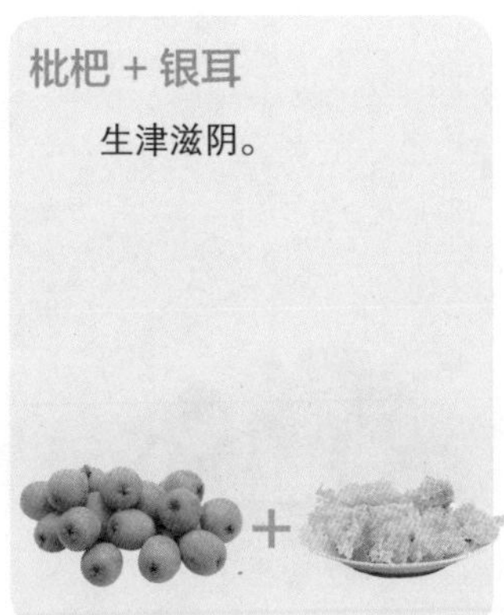

枇杷＋大米

生津止渴。

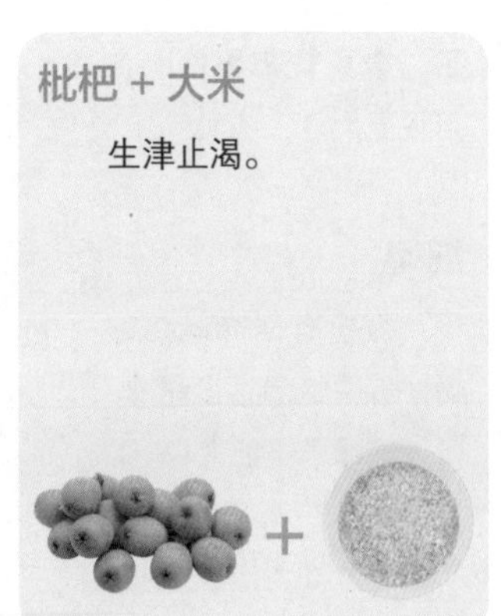

橄榄性平，味甘、酸，归脾、胃、肺经，有清热解毒、生津止渴、利咽化痰等功效。

孕期宜吃

橄榄的药用功能很强，上火咽喉痛，吃点橄榄很快就能缓解，《本草纲目》认为橄榄能“生津液、止烦渴，治咽喉痛”，其解毒功效也很棒，“咀嚼咽汁，能解一切鱼蟹毒”。另外，橄榄富含单不饱和脂肪酸，有很好的益智作用，可促进胎儿大脑发育。

月子里哺乳期宜吃

橄榄性平，不寒不燥，月子里可以吃，哺乳期也可以吃。月子里和哺乳期间，哺乳妈妈分泌乳汁会消耗很多钙，而分娩又损失了很多铁，橄榄富含钙、铁、磷，且容易吸收，吃点有助于补钙、预防贫血。

选购与清洗

橄榄应该选果粒较小的，果皮要有光泽，颜色要青绿中带点黄色，如果颜色特别均匀，则可能是被药物浸泡过的，当然也不能选色泽变黑的。

橄榄不怎么招虫害，几乎不用农药，清洗相对简单，只要冲洗两遍即可。

怎么吃更营养

适量食用

橄榄不宜多吃，一般一天嚼食二三颗就够了，毕竟其药用性比食用性更大。

细嚼

橄榄有涩味，要细嚼才能慢慢渗透出甜味，所以吃橄榄不能大口吃。

橄榄＋话梅

在咳嗽有痰、咽喉肿痛时，把橄榄和话梅一起泡茶或者煮汤饮用，治疗效果非常明显。

+

无花果

无花果性平，味甘、酸，归心、脾、胃经，具有开胃健胃、清肠通便、润肺止咳、消肿解毒等功效。

孕期宜吃

无花果所含的丰富果胶和膳食纤维可帮助孕妈妈预防便秘、痔疮。其有机酸可促进胃液分泌，帮助消化，丰富的钙可预防孕期缺钙，保证胎儿骨骼发育。而且无花果药用功效也很大，《云南中草药》称其可“健胃止泻，祛痰理气”，食欲不振、消化不良的孕妈妈可适量食用。

月子里 哺乳期 宜吃

《医林纂要》记载无花果“益肺，通乳”，《滇南本草》认为其可治疗“乳结”，月子里乳腺管还没有完全畅通，最容易出现乳汁瘀积，这时候吃点无花果就可避免这种痛苦。哺乳期经常食用也可以预防发生乳腺炎。如果还有便秘、痔疮等问题，吃无花果更好。不过，大便溏泄的哺乳妈妈不要生吃无花果。

选购与清洗

无花果要选颜色深的、大的、手感稍软的，这样的成熟且水分多。另外，底部的开口处不能太大，太大的容易让细菌进入果肉。

无花果需要剥皮食用，清洗时只需要把外层上附着的脏污洗掉即可，一般冲洗两遍就行了。

怎么吃更营养

无花果 + 百合

无花果搭配百合炖汤食用，可止咳润肺，美容养颜。

无花果莲子百合汤

材料：无花果 30 克，莲子 25 克，百合 25 克，猪腱肉 200 克，盐适量。

做法：1. 将无花果洗干净，莲子去掉莲心，百合掰成片洗干净，猪腱肉洗净切成大块。

2. 把猪腱肉块放入锅中，倒入清水，大火煮开，去掉血水，捞出后冲洗掉浮沫。

3. 另起汤锅，把猪腱肉块、莲子、无花果和百合片一起放入锅中，加适量清水，用大火煮开，之后转小火熬煮 1~2 小时，起锅时用盐调味即可。

功效：益气健脾。

番石榴性温，味甘、酸、涩，归肾、肺、大肠经，具有健脾消积、生津止渴、涩肠止泻的功效。

孕期宜吃

番石榴富含维生素 C、胡萝卜素，以及矿物质钾、铁，适量食用可预防孕期高血压、妊娠斑、贫血等，还能促进胎儿视力发育。孕期腹泻时，适当多吃一些番石榴有助于止泻，《福建药物志》记载番石榴可“健胃固肠，治冷泻”。不过，番石榴不宜多吃，吃多了会便秘。

月子里 哺乳期 宜吃

番石榴中丰富的钾元素可以帮助新妈妈提升新陈代谢能力，促进排毒、消水肿，有助于身体恢复，所以，月子里可以吃番石榴。番石榴还可消积化食，月子里吃多了、油腻不消化了，可适量吃点番石榴。哺乳期吃番石榴有助于提振食欲，让泌乳更有保证。不过，便秘患者不适合吃番石榴。

选购与清洗

番石榴要选表皮完整、光滑，手感沉甸甸的。颜色偏淡的，口感较脆。番石榴气味浓郁，闻不到味道的不要选。也应选挑罩着网袋的，农药残留较少。番石榴吃前最好用盐水浸泡一会儿，然后再清水洗两遍。

怎么吃更营养

不吃籽

番石榴的籽是造成便秘的主要原因，容易便秘又想吃番石榴，建议去除籽再吃，但比较费时。

番石榴 + 牛奶

番石榴榨汁与牛奶调和饮用，可润泽肌肤，美白抗斑。

人参果性温，味甘，归脾、胃经，有强心补肾、补脾健胃、调经活血的功效。

孕期忌吃

人参果的活血功能容易导致胎动不安，严重时会流产。而调经功能说明人参果的药力可直接作用于子宫，对孕妈妈来说太危险了，建议孕期不要吃人参果，特别在孕早期时，胎儿还不稳定，更不能吃。

月子里 哺乳期 宜吃

人参果含有丰富的蛋白质。月子里消耗大、五脏虚损，食用人参果有助于新妈妈恢复。哺乳妈妈泌乳需要大量蛋白质支持，适合吃人参果。另外，人参果是温性的，并可促进血液循坏，还能补脾健胃，让新妈妈和哺乳妈妈吸收更多营养，有利于身体恢复。

选购与清洗

人参果要挑选比较沉实的，这类人参果放置时间短，水分流失少，比较新鲜。要选色泽鲜亮、表皮光滑、摸起来没什么干瘪褶皱的，闻起来香气淡雅的，若有腐败气味的则不能选。

人参果连皮吃时要清洗干净，可以放入盐水中浸泡一会儿，再用清水清洗。

怎么吃更营养

熟吃

人参果虽然也可生吃，但是用来搭配猪肉炒菜或者焖米饭、煮粥会更好，这样也更符合月子里的饮食要求。

不要吃太甜的

人参果本身是没多少甜味的，但是现在也有专门培育的甜味产品，不建议购买这类人参果，特别是血糖偏高者更不要吃，口味稍淡的更健康。

黄皮性平，味酸，微苦、辛，归肺、胃、大肠经，具有疏风解表、行气理气、消食化痰等功效。

孕期宜吃

黄皮有疏风解表的功效。孕妈妈感冒时吃黄皮有食疗作用，平时吃黄皮可预防感冒。另外，《食物本草》记载其“主呕逆痰水”，孕期恶心呕吐、吐酸水、苦水的时候，吃一些黄皮能缓解不适。而且，吃黄皮可刺激胆汁分泌，能帮助孕妈妈提高消化能力，预防积食。

月子里 哺乳期 宜吃

黄皮性平，对产后恢复没有不利影响。而且，黄皮具有行气止痛的功效，《福建民间草药》记载其可“化气消疝，除积止痛”，产后吃黄皮可以缓解分娩带来的腹部、产道等处的疼痛感。不过也不宜多吃，《本草求原》认为黄皮“多食动火，发疮节”。

选购与清洗

黄皮的品种不同，其质量也不同，圆球形的和卵形的比椭圆形的好吃。挑选时捏一捏，只要没有腐烂、凹陷的坑即可。黄皮需要剥皮食用，食用前用清水冲洗两边冲掉表皮脏污即可。

怎么吃更营养

饭后食用

民间有“饿吃荔枝，饱吃黄皮”的说法，吃饱饭后再吃黄皮，消化会特别好。

黄皮＋肉、荔枝

烹调肉类食物的时候，把黄皮破开一个小口，放入肉中，比如黄皮焖排骨、黄皮蒸鸡等，开胃解腻。黄皮搭配荔枝食用，可降低荔枝的“火气”，避免上火，《广东通志》记载“食荔枝太多，以黄皮解之”。

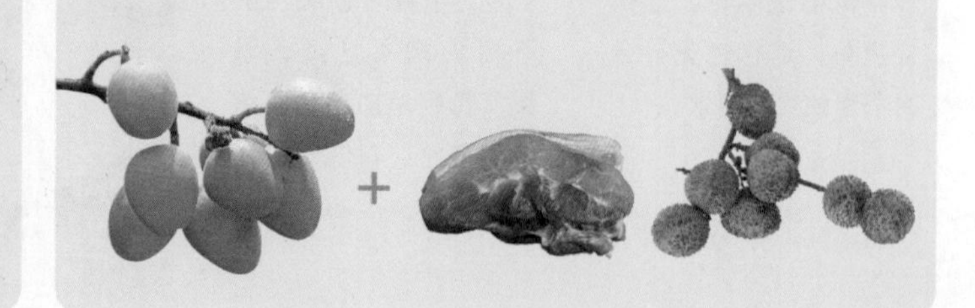

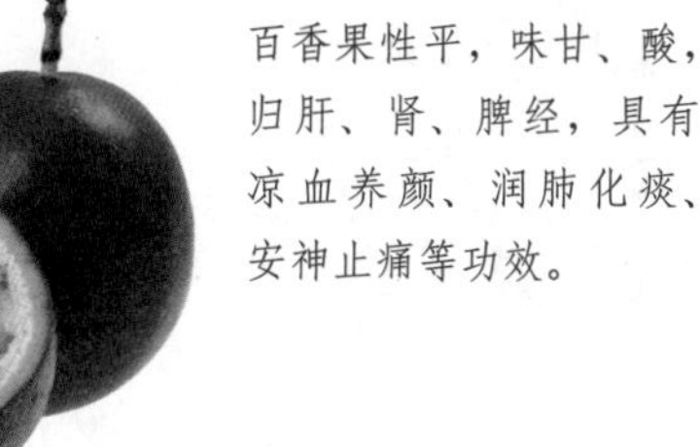

百香果性平，味甘、酸，归肝、肾、脾经，具有凉血养颜、润肺化痰、安神止痛等功效。

百香果的营养价值堪比鸡蛋。百香果中的维生素 C 和番茄红素都有很好的美白皮肤的作用，适量食用可以让胎儿皮肤更白。百香果还含有亚油酸，可以促进胎儿大脑发育。不过，百香果容易引起过敏，过敏体质的孕妈妈需慎重食用。肠胃不好者也不要食用。

月子里 宜吃

百香果是天然植物神经调节剂，有镇定、松弛神经的功能，新妈妈因为照顾宝宝，睡眠质量较差，食用百香果可起到安神的作用，容易进入深度睡眠；对产后的抑郁情绪也有调节作用。百香果的可溶性膳食纤维含量也很丰富，可以帮助新妈妈清理肠道、降脂减肥等。

哺乳期 慎吃

百香果含有易致敏物质，宝宝容易过敏，哺乳妈妈饮食需要格外注意，尽量不吃百香果。初次食用时应少量，还要注意观察宝宝的反应。宝宝没有不良反应，方可正常食用。

选购与清洗

百香果要选外皮深红、内瓤深黄的。如果现买现吃，要选表皮略有皱缩、凹陷的，太光滑的虽然成熟了，但放一段时间再吃，味道会更好。不要选干瘪的。百香果是切开吃瓤的，表皮简单冲洗一下即可。

怎么吃更营养

籽一起吃

千万不要丢掉百香果的籽，它富含高级脂肪、高级蛋白质，是百香果营养价值不可缺少的部分。

慢慢品

若大口吃百香果则品不出味道，要一小口一小口地慢慢吃，还要细嚼，这样才能充分发挥百香果的保健作用。

做调味品

煮高汤或者炖肉的时候放入一颗百香果，营养既不受影响还提味。

椰子汁性温，味甘；椰子肉性平，味甘，归脾、胃、大肠经，具有生津解渴、利尿消肿、滋补等功效。

孕期宜吃

椰子汁清凉解渴，椰肉奶香浓郁，孕妈妈都可以吃。《本草纲目》记载椰子“食之不饥，令人颜面悦泽”，既能充饥又能美容。而且，椰子肉和椰子汁都有润肠通便的作用，孕期食用可防治便秘。另外，椰子的热量较高，孕妈妈吃椰子有助于消除疲劳。

月子里 哺乳期宜吃

椰子的热量高，能帮助新妈妈从产后疲惫中恢复健康，改善四肢乏力、疲软无力的状态。另外，椰子有利尿作用，可以帮助新妈妈把体内积存的水分快速排出。而且，椰子的蛋白质含量很高，对身体恢复的促进作用很明显，还能为泌乳提供足够的营养支持。

选购与清洗

购买椰子要挑重的，越重说明含水分越多。拿起来晃动一下，如果明显有水流动的感觉，那就是新鲜的。青椰子只能喝汁，椰肉不能吃。

怎么吃更营养

汁、肉都吃

椰子上有三个小孔，把吸管插入最小的孔吸里面的汁，吸完椰汁，把椰子砸开，取下白色椰肉，可以直接吃，用来煲汤更好。

椰子 + 鸡肉

炖鸡肉的时候放点椰肉或者倒点椰汁，味道好，同时补养功效很棒，可以补气健脾、宁心安神，最适合月子里的新妈妈食用。

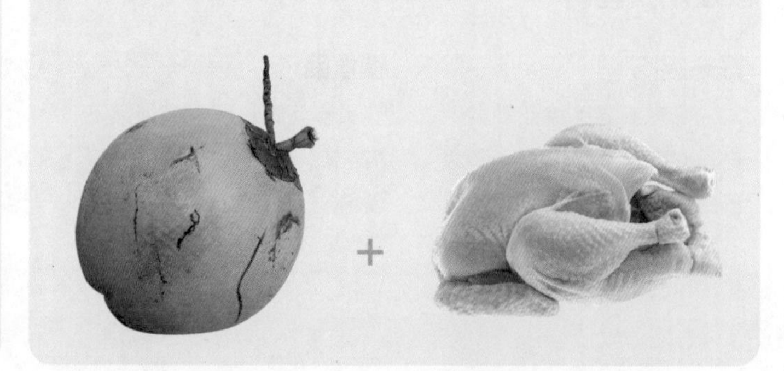

释迦果

释迦果性寒，味甘，归心、大肠经，具有清热解毒、收敛涩肠的功效。

孕期宜吃

释迦果所含的营养素很均衡，对维持孕期肌肉和神经功能好处多多，也可促进胎儿神经和肌肉发育。而且，释迦果有刺激胰岛素分泌的功效，可防治妊娠糖尿病。另外，释迦果还有激活脑细胞的作用，常被用来治疗脑萎缩，这对促进胎儿大脑发育是有益的。

月子里 哺乳期 少吃

释迦果性寒，这是月子里饮食需要忌讳的，不要随便吃。如果想吃，要在月子后半段吃，不宜直接吃，可炖汤饮用。少吃点有排毒养颜、安神除烦的功效。哺乳期也要少吃，以免伤害宝宝脾胃，引起腹泻、消化不良等毛病。

选购与清洗

释迦果要选大的、圆的，鳞目也要比较大的，且要颜色发黑的。如果现吃就买软的，不是现吃就买硬的，买回家放一两天就软了。如果鳞目很密集则不成熟。释迦果的皮不能吃，吃的时候简单冲洗一下挖果肉即可。

怎么吃更营养

适量食用

释迦果有涩肠的作用，吃多了容易便秘，不宜多吃，一天吃一个足够了。

释迦果＋苹果

二者榨汁喝，可以养颜美容。

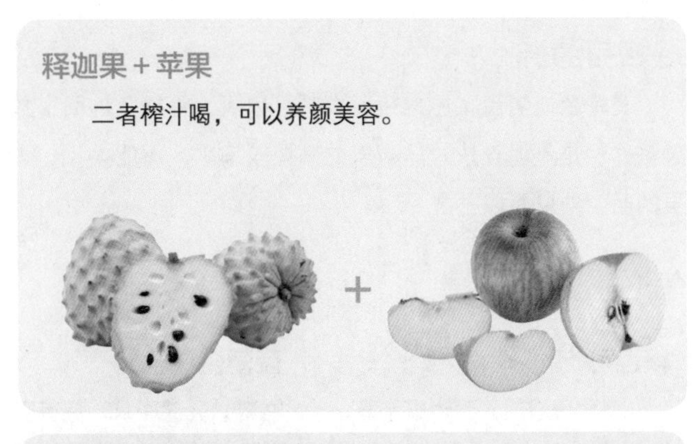

释迦果＋柑橘

可以开胃健脾、润肠通便。

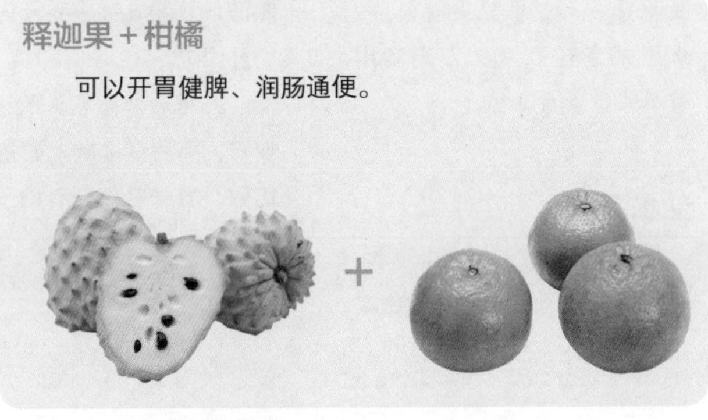

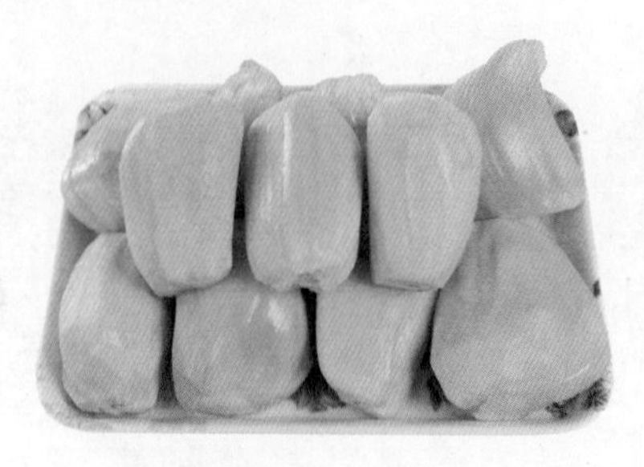

菠萝蜜性平，味甘，归肺、大肠经，具有散结消肿、生津止渴、滋养益气、通乳补脾等功效。

孕期宜吃

菠萝蜜富含维生素和矿物质元素，适量食用，孕妈妈会少生妊娠斑、妊娠纹，也可美白皮肤。另外，菠萝蜜还可稀释血管中血脂、帮助消化肠胃中的蛋白质。如果感冒了，喝一杯菠萝蜜汁可有效降温。但菠萝蜜中的蛋白质可能会引起过敏，过敏体质的孕妈妈要谨慎食用。菠萝蜜的含糖量较高，孕期不宜多吃。

月子里 哺乳期 宜吃

菠萝蜜有补血益气的作用，月子里的新妈妈一般气血双虚，吃点菠萝蜜对提升体质有好处。而且，菠萝蜜有散结通乳的功效，月子里、哺乳期中乳汁少、乳汁不下、乳汁瘀积时，吃菠萝蜜都可改善。

选购与清洗

青绿色或者金黄色的菠萝蜜都可以买，青绿色的回家放一两天就变黄了。表皮有黑点没关系，但是不能连成片。表皮的刺要较扁平，不能太尖，太尖的是不成熟的。菠萝蜜要吃内里的瓤，外皮可以不洗。

怎么吃更营养

核也可吃

菠萝蜜核的营养也很丰富，要吃掉。不过不能生吃，放到水里加点盐煮熟，去壳食用，有类似香芋的口感。

盐水泡

将菠萝蜜放入盐水中浸泡一会儿再食用，可以降低过敏概率。

菠萝蜜炖乳鸽

材料：乳鸽 1 只，菠萝蜜 100 克，生姜 10 克，盐适量。

做法：1. 将乳鸽去毛及内脏，清洗干净；菠萝蜜去掉果仁，切开两边。

2. 把菠萝蜜和乳鸽一起放入砂锅中，加适量清水慢慢炖煮，熟后直接撒上适量盐调味即可。

功效：安神补气，有助于睡眠，且有一定的美容功效。

产后应先通乳再催乳

产后三五天，乳汁正式开始分泌，新妈妈会感觉到乳房迅速憋胀起来。这时候给宝宝喂奶，宝宝很有可能吸不出来，因为乳腺管不通，乳汁流不出来，很容易发生乳汁瘀积。有的新妈妈是，部分乳腺管通了；部分不通，出现部分乳汁瘀积。乳汁瘀积会让新妈妈很痛苦。所以，在饮食上就应注意，要先吃通乳食物，让乳腺管畅通，再吃催乳食物，让泌乳量增加。这个过程不要搞错了。

产后就可开始吃通乳食物

疏通乳腺管的食物有丝瓜、冬瓜、红小豆、莴苣、金针菇、黄花菜、海带等，产后可以食用。不过这些食物大多属性寒凉，不宜多吃，搭配其他食物少吃一点即可。

产后2周内不要“大补”

在乳腺管不通畅时，如果产后马上大补，食用高营养的食物，乳汁的分泌量会大大增加，乳汁也会更加浓稠，给不通畅的乳腺管更大的压力，使其更难畅通。所以，产后2周之内都不适合大补。这2周要吃清淡食物，对于汤品如鸡汤，应将上面的油脂撇出去，以免增加乳汁中的脂肪导致乳腺管堵塞更严重。

乳腺管畅通后开始食用高营养食物催乳

一般2周之后，经过宝宝勤快地吮吸，乳腺管就基本畅通了。这时候，宝宝的奶量需求逐渐增大，妈妈体力也有所提升，增加奶量、奶质就很有必要了，可以开始吃高营养食物、高蛋白食物，如鲤鱼、鲫鱼、猪蹄、花生等惯用催乳食物。

肉、蛋、禽

猪肉

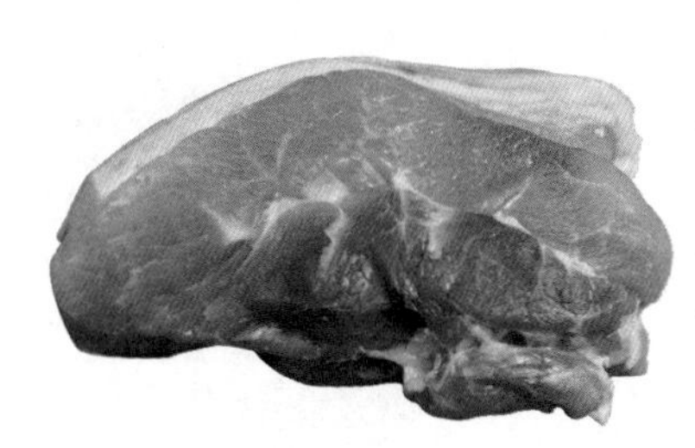

猪肉性微寒，味甘、咸，归脾、胃、肾经，具有补肾养血、滋阴润燥、益气消肿等功效。

孕期 宜吃

《随息居饮食谱》中记载猪肉“补肾液，充胃汁，滋肝阴，润肌肤，利二便，止消渴”，吃猪肉对健康有一定的益处，但是不宜多吃。《本草备要》记载“惟多食则助热生痰，动风作湿。”猪肉含脂肪量太高，而且多是饱和脂肪酸，吃多了对孕妈妈心血管健康不利，也容易发胖。

月子里 少吃

猪肉可补虚强身，但猪肉性微寒，《本草备要》认为“伤风寒及病初愈人为大忌耳”，疾病刚痊愈的人的肠胃功能不佳，吃下去不容易消化，反而增加身体负担。新妈妈也有这种问题，在月子里要适量吃猪肉，才能达到滋补强身的作用。

哺乳期 宜吃

哺乳妈妈需要摄入比较多的蛋白质才能维持泌乳量，猪肉的蛋白质含量丰富，可以常吃。有的哺乳妈妈只要三天不吃猪肉，奶就会减少，所以不能不吃。

选购与清洗

猪肉要选颜色粉红或者红色的，要有光泽，没有液体流出，按压起来很有弹性，摸起来手感干爽。如果颜色暗红、弹性不良、有臭味、肥肉部分发黄就不是好猪肉。

清洗猪肉最好用淘米水先浸泡5分钟，然后用清水冲干净。不能用热水洗，会损失蛋白质。

怎么吃更营养

吃瘦不吃肥

肥肉中过高的脂肪含量对心脑血管很不利，尽量只吃瘦肉。猪皮含有丰富的胶原蛋白，可以食用。

适宜蒸煮、煲汤

猪肉可蒸煮、煲汤，肉质软烂，易于消化吸收。

猪肉 + 蔬菜

酸性的猪肉几乎可以跟任何蔬菜搭配，营养成分更全面，且蔬菜一般都是碱性食品，正好可以中和猪肉的酸性。

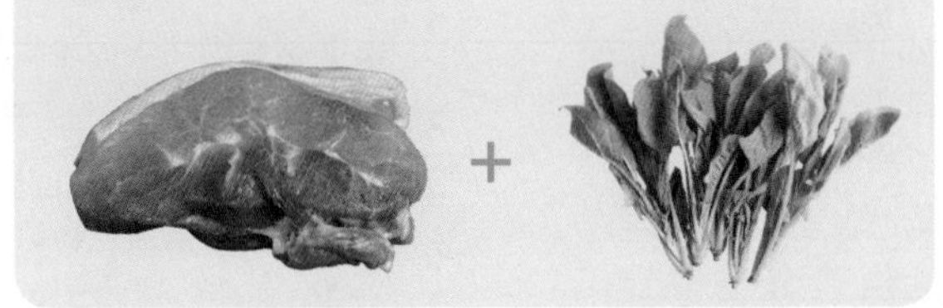

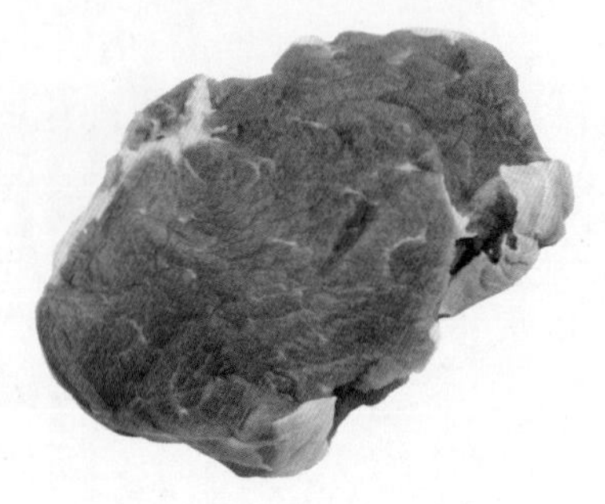

黄牛肉性温，水牛肉性凉，味甘，归脾、胃经，有补脾胃、益气血、强筋骨的功效。

孕期宜吃

《滇南本草》记载“水牛肉，能安胎补血”，孕期可以多吃水牛肉。对黄牛肉，《本草拾遗》记载其可“消水肿，除湿气，补虚，令人强筋骨、壮健”。牛肉中的氨基酸可提高孕妈妈的免疫力。另外，牛肉中的肌氨酸含量很高，对增长肌肉、增强力量特别有效，在孕后期，孕妈妈感觉乏力时，可适当多吃牛肉。牛肉中的亚油酸含量也很高，其对胎儿大脑发育很有好处。

月子里 哺乳期 宜吃

水牛肉性凉，所以月子里要吃黄牛肉。《中华本草》记载其可治疗“脾胃虚弱、气血不足、虚劳羸瘦、腰膝酸软”等不适，这都是月子里很容易出现的问题，吃牛肉不仅可以解决这些不适还能促进身体恢复。哺乳期可以吃水牛肉、黄牛肉，能为泌乳提供更丰富的蛋白质。

选购与清洗

牛肉要选色泽暗红、有光泽、外表干爽的，脂肪应是白色的，如果脂肪是暗绿色的说明不新鲜。好牛肉很有弹性，如果用手按下去无法很快恢复就不能买。如果是注水牛肉，纤维会变粗，而且表面比较湿，能看到水分渗出。洗牛肉也要用淘米水浸泡一会再冲洗。

怎么吃更营养

热水入锅

炖牛肉要在水热后将牛肉入锅，这样能让表面蛋白质凝固，将氨基酸都封在牛肉里，使其营养价值最大化。

土豆烧牛肉

材料： 牛肉 100 克，土豆 100 克，番茄 30 克，洋葱 25 克，盐、白糖各适量。

做法： 1. 牛肉洗净切块，放入盛有清水的锅中用大火煮开，后改用小火煮，熟后捞出备用。

2. 土豆洗净，去皮，切块，入牛肉汤中煮熟。

3. 番茄洗净切块；洋葱剥皮、洗净、切块。

4. 锅中放油烧热，放入番茄块煸炒，加入洋葱块再煸炒片刻，倒入土豆块、牛肉块，加盐、白糖再煮片刻即可出锅。

功效： 可以补铁补血、抗衰老、消除水肿、增强抵抗力。

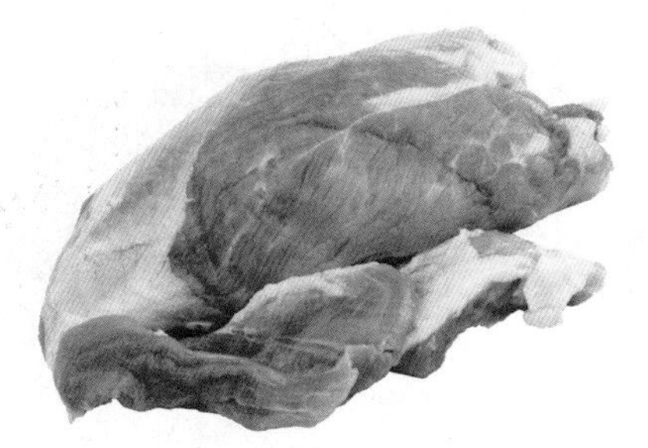

羊肉性热，味甘，归脾、胃、肾经，有补中益气、安心止惊、强健壮骨的功效。

孕期 少吃

《中华本草》认为“外感时邪或有宿热者禁服。孕妇不宜多食”，因为孕妈妈体质特殊，多数偏热，如果再多吃热性羊肉，则很容易上火。特别是明显怕热，或者出现了咽喉肿痛、咳嗽有痰、有眼屎、口干等上火症状的孕妈妈更不宜多吃。没有上火症状的孕妈妈可少吃一点。

月子里 宜吃

羊肉性热且有补虚益气的功效，最适合月子里食用。月子里吃羊肉可以为新妈妈补充蛋白质、钙、铁等身体急需的营养，让新妈妈强健起来。《日用本草》就说羊肉“治腰膝羸弱，壮筋骨，厚肠胃”，《千金•食治》也说羊肉“主暖中止痛，利产妇”，一般产后三五天就可以开始吃点羊肉了。

哺乳期 少吃

羊肉热性较重，哺乳妈妈可以吃，但是不宜多吃也不能常吃，最好不要吃烧烤，否则容易积聚内热，引起宝宝上火。

选购与清洗

正常的羊肉是红色或者粉红色的，色泽均匀，有规整的纹路，且肥肉较多，瘦肉中间也有丝丝肥肉夹在中间，摸起来感觉干爽。如果纹路凌乱、味道发臭、一按就有水，就不能买了。

怎么吃更营养

涮食减膻味

受不了羊肉膻味的新妈妈可以涮着吃，涮羊肉没有那么浓重的味道，一般人都能接受。

胡萝卜焖羊肉

材料： 羊肉 500 克，胡萝卜 150 克，橘皮 15 克，生姜、盐各适量。

做法： 胡萝卜、生姜去皮，洗净，切块备用。羊肉洗净，切块，加盐腌 15 分钟备用。大火将锅烧热，加入花生油，烧至八成热后将羊肉块、胡萝卜块、生姜、橘皮一起放入锅中炒匀，加入适量清水，沸腾后改小火焖至羊肉熟烂，加盐调味即可食用。

功效： 开胃健脾、滋阳暖中，还可以去湿气、暖胃寒。

驴肉性平，味甘、酸，归心、肝经，具有补血益气、安神除烦的功效。

孕期宜吃

驴肉的营养价值比牛肉和猪肉都高，能给孕妈妈和胎儿发育提供最全面的蛋白质。另外，驴肉含有丰富的亚油酸和亚麻酸，这两种物质进入体内会转化成 ARA 和 DHA，对胎儿大脑发育、视觉功能发育都有良好的促进作用。而且，吃驴肉能缓解精神压力，改善情绪，《千金•食治》记载其可治“愁忧不乐，能安心气”。

月子里 哺乳期 宜吃

驴肉补血养血的功效最为人称道。分娩时大量失血，剖宫产妈妈失血更多，所以月子里的新妈妈最亏的就是气血，吃点驴肉能尽快补充气血。驴肉性平，月子里也不必忌讳。另外，哺乳妈妈分泌大量乳汁，也容易气血亏虚，吃点驴肉可使身体强健。身体好，泌乳量就有保证。

选购与清洗

正常的驴肉是红褐色的，肥肉部分是淡黄色的，光泽度很好，而且没有膻味，只有脂肪香味。如果颜色发暗、光泽不好，就不新鲜了。如果闻起来有腥味，可能是以马肉冒充驴肉。好驴肉的肌肉结实，有弹性，如果摸起来松软、手感粗糙应该也是马肉。

怎么吃更营养

驴肉 + 红枣

补血功能会增强。

驴肉 + 粳米

补气功效更好。

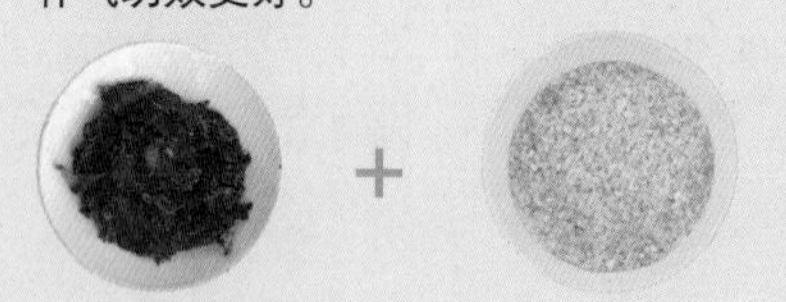

驴肉粥

材料：驴肉 100 克，红枣 10 枚，山药 30 克，粳米 150 克，红糖适量。

做法：1. 将驴肉洗净后切成小块，红枣、山药分别洗净，切成小条。

2. 将粳米淘洗干净，与驴肉块、山药条和红枣条一起放入锅内，加入适量清水，用大火煮沸后改用小火慢慢熬煮至粥熟，最后加入红糖调味即可。

功效：补心益脾、调和气血。

兔肉

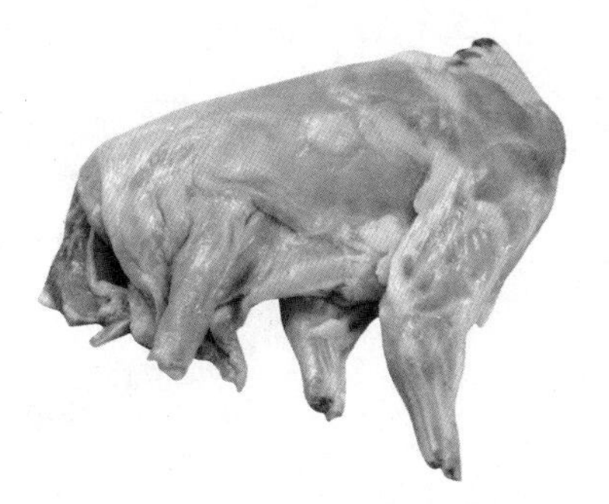

兔肉性凉，味甘，归肝、大肠经，具有凉血解毒、补中益气、除热除湿等功效。

孕期 宜吃

兔肉属于高蛋白质、低脂肪、低胆固醇的肉类，相对更健康。兔肉很容易消化，适合孕妈妈食用。不过，也不宜多吃、久吃，《本草拾遗》记载兔肉“久食弱阳，令人色痿”，脾胃虚寒的孕妈妈不应该食用，如果积热上火，不能吃热性肉类，则可以吃兔肉，《本草纲目》记载兔肉“凉血，解热毒，利大肠”。

月子里 忌吃

《本草纲目》记载兔肉可以“凉血”，兔肉一直是经期女性应该忌吃的。月子里，女性的体质比经期更虚寒，需要温暖的食物，所以不适合吃兔肉。

哺乳期 少吃

兔肉的蛋白质含量高，吸收率也高，哺乳期吃点兔肉可增加蛋白质摄入。不过毕竟性凉，要少吃，以免引起宝宝腹泻。

选购与清洗

好的兔肉是红色的，有光泽，颜色均匀，脂肪为淡黄色，按着有弹性。如果颜色暗淡无光，脂肪颜色发灰，并有酸臭味就更不能买了。

怎么吃更营养

兔肉＋红枣

兔肉搭配红枣食用可补虚。

春笋兔肉

材料：兔肉500克，葱段20克，姜片20克，春笋500克，豆瓣50克，水淀粉50克，肉汤1000毫升，盐2克，酱油、花生油各适量。

做法：1. 将兔肉洗净，切成3厘米见方的块，春笋切成滚刀块。

2. 旺火烧锅，放花生油烧至六成熟，下兔肉块炒干水分，再下豆瓣同炒，至油呈红色时下酱油、盐、葱段、姜片、肉汤一起焖。

3. 约30分钟后加入春笋；待兔肉焖至软烂时，浇水淀粉，收浓汁起锅即可。

鹅肉性平，味甘，归脾、肺、肝经，具有益气补虚、和胃止渴、补虚等功效。

孕期宜吃

铅可无障碍通过胎盘，进入胎儿体内，影响胎儿大脑和神经发育，如果孕妈妈不慎摄入含铅多的食物，就要多吃点鹅肉，《随息居饮食谱》记载鹅肉“性与葛根相似，能解铅毒”。另外，鹅肉的蛋白质含量高，脂肪含量低且脂肪中不饱和脂肪酸占高比例，也是很健康的肉食。吃鹅肉有助于提升免疫力，让孕妈妈少生病。但是，患有皮肤病的人不能吃鹅肉。

月子里 哺乳期 宜吃

中医认为鹅肉适宜身体虚弱、气血不足、营养不良之人食用，月子里的新妈妈正符合这几个特点，而且鹅肉性平，也适合新妈妈的体质。如果产后有乏力、食欲不振的现象，吃鹅肉、喝鹅肉汤可有效改善。哺乳期也可常吃鹅肉，增加蛋白质摄入，增强免疫力。

选购与清洗

如果不是选整只鹅，建议首选翅膀下面的和尾部的肉，这里的肉厚、多而柔软。然后，选弹性好、干爽、不黏手的，如果水多、肉松就不能买。新鲜鹅肉的颜色一般是鲜红的。

怎么吃更营养

炖汤食用

鹅肉最好的吃法是炖汤，喝汤吃肉，民间有“吃鹅肉，喝鹅汤，一年四季不咳嗽”的说法。

鹅肉土豆芹菜汤

材料：去皮鹅肉400克，土豆500克，番茄300克，秋葵100克，芹菜100克，甜玉米粒100克，鸡汤600毫升，姜1块，番茄酱1勺，食盐、胡椒粉各适量。

做法：1. 鹅肉切块，土豆、番茄、秋葵分别切块，芹菜梗切段，芹菜叶切碎。

2. 鹅肉块加入姜、清水大火煮开，捞出。

3. 另起一锅倒入适量水，加入土豆块、番茄块、鹅肉块、芹菜梗段，鸡汤，大火煮开。

4. 转温火煮50分钟。

5. 加入秋葵块、番茄酱，大火煮开关火。

6. 加入盐、胡椒粉、芹菜碎叶调味即可。

功效：营养成分非常全面，暖胃开津，能解五脏之热。

专题 关注饮食防重疾，降低早产概率

怀孕最后三个月，孕妈妈身体负担加重，容易出现一些健康问题，会引发早产。妊娠高血压、妊娠糖尿病、严重贫血、重度营养不良都可引起早产。要预防出现这些疾病，从孕中期就应该特别注意饮食健康。

不要吃太多甜食，预防妊娠糖尿病

甜食摄入太多是引起妊娠糖尿病的最重要原因，从怀孕期就应该注意减少甜食摄入。含糖量高的水果如香蕉、西瓜、榴莲等也不宜多吃。另外，淀粉进入人体也会转化成糖原，所以淀粉类食物也不能过多摄入，每天400~500克就可满足胎儿和孕妈妈的身体所需。如果产检发现血糖偏高，就要在医生指导下更加严格地控制饮食。

浓甘厚味食物少吃，预防妊娠高血压

浓甘厚味食物的含盐量、含脂肪量都高，这两点是引起妊娠高血压的主要原因。孕期饮食要尽量清淡，少用煎炸方式烹调，多用蒸煮，也不要吃油炸食品或者咸鲜味重的小零食。

保证营养摄入，不要挑食、偏食，预防营养不良

孕期营养比平时有所增加，必须加以保证，在孕中期以后要加一两餐，摄入一些水果、坚果、饼干等，补充营养。也可以准备孕妇奶粉等安全的营养补品食用。日常饮食中注意不要挑食、偏食。

及时补充所需营养素，预防贫血

如果饮食不能保证营养，或者孕吐持续时间较长，则应服用一些营养素制剂，以补充维生素、补充钙。应特别注意补铁，预防出现严重贫血。日常饮食中要吃一些含铁高的食品，如瘦肉、蛋黄、红枣、芝麻酱等。

身体保持健康，才能大大降低早产概率。

鸭肉性寒，味咸，归脾、胃、肺、肾经，具有利水消肿、祛热解毒、补血滋阴等功效。

孕期宜吃

鸭肉中的蛋白质含量高，脂肪、碳水化合物含量适中，且脂肪主要为不饱和脂肪酸和低碳饱和脂肪酸，对人体无益的饱和脂肪酸含量则非常低，孕妈妈可以放心地吃，不用担心高血压、损害脑血管健康等。鸭肉所含的维生素 B、E 高于其他肉类，有良好的预防炎症的功效，可提高孕妈妈的抵抗力。鸭肉还有清热去火的功效，孕期便秘、咳嗽时，肉食应以鸭肉为主。

月子里忌吃

鸭肉性寒，月子里需要温补，不适合吃鸭肉。特别是产后感觉身体发冷、手脚冰凉、胃寒、大便溏泄的新妈妈更不能吃。在上火、咳嗽时，可以少吃点鸭肉。

哺乳期宜吃

哺乳期可以吃鸭肉，特别是上火时不方便吃药，可以吃些鸭肉降火。不过，平时不宜多吃，可能会伤害到宝宝脾胃。

选购与清洗

买鸭子看眼球，眼球饱满、半睁半闭、色泽明亮，鸭蹼有弹性就是新鲜的。可用淘米水洗鸭肉，泡后搓洗去鸭油。

怎么吃更营养

鸭肉 + 山药

可滋补身体。

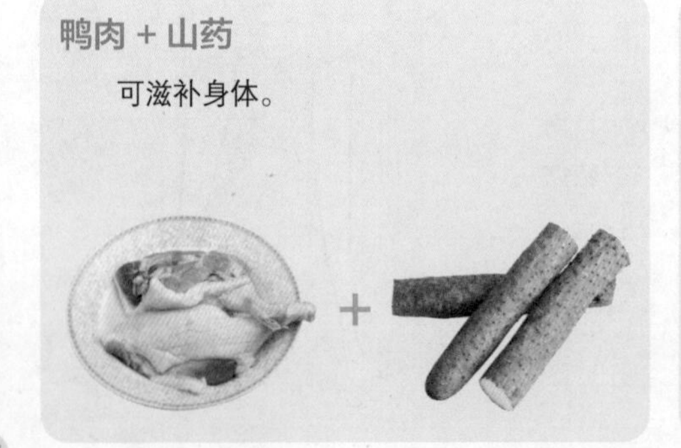

鸭肉 + 红小豆

可利尿解毒。

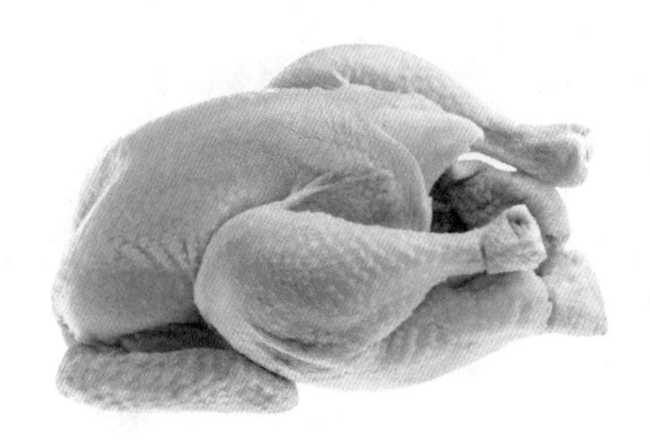

鸡肉性温，味甘，归脾、胃、肝经，具有补脾益气、温中养血、补肾益精等功效。

孕期少吃

鸡肉属于高蛋白、低脂肪白肉，去掉鸡皮后，脂肪更低，适合孕妈妈食用。《食疗本草》记载其可“安胎”。不过，孕妈妈体质特殊，容易上火，鸡肉性温、助火，《随息居饮食谱》认为鸡肉“多食生热动风”，孕妈妈吃得太多容易引发或加重便秘、咳嗽等问题。

月子里 哺乳期 宜吃

鸡汤是民间产后进补的主要食品，既补虚又通乳，还能化解乳汁瘀积。不过，月子里的头几天不能吃母鸡，其含有的雌激素可能引起回奶，可吃公鸡。哺乳期，乳汁分泌少了，也可吃点鸡肉、喝鸡汤进补一下。但不要吃鸡皮，喝汤要把油撇出，如果太过油腻，会引起宝宝腹泻。

选购与清洗

正常鸡肉是发白的，眼睛半闭，刀口不平整。如果肉发红、眼睛全闭、刀口平整可能就是由死鸡处理而成的。肩膀内侧如果有乌黑或者发红现象，可能是注水的，不能买。

怎么吃更营养

不吃鸡皮、鸡脖子

鸡皮含有大量激素，特别是雌激素都在鸡皮里，孕妈妈不要吃鸡皮。另外，鸡脖子有很多淋巴，积聚毒素较多，也不能吃。

去油喝汤吃肉

炖鸡汤不要只喝汤，不吃肉，其实肉里的营养比汤里的密度更高，但是最好把浮油撇去，避免发胖。

香菇鸡片

材料：香菇(鲜)150克，鸡肉250克，淀粉10克，盐3克，生抽、骨头汤、油适量。

做法：1. 香菇洗净，去蒂，切片；鸡肉切片，用淀粉、生抽、盐拌匀腌10分钟。

2. 锅置火上，倒油烧热，放入鸡肉片炒至变色，盛出。

3. 另起锅加入少许油烧热，放入香菇(鲜)片翻炒，炒软后放入少许骨头汤烧开，放少许盐调味，倒入炒好的鸡肉片，再次翻炒，大火收一下汁即可。

功效：营养丰富、补精益髓。

乌鸡性平，味甘，归肝、肾、肺经，具有平肝益肾、养阴退虚、益气血等功效。

孕期宜吃

乌鸡一直以来都被看成女性滋补佳品，也常用来入药治疗女性疾病，如乌鸡白凤丸。乌鸡含有铜、锌、铁、锰等人体免疫不可缺少的微量元素，孕期吃乌鸡可以预防贫血，提高机体免疫功能。另外，乌鸡含有乌鸡黑素，具有良好的抗氧化作用，可帮助孕妈妈清除自由基，保持健康状态。

月子里 哺乳期 宜吃

《本草纲目》记载乌鸡可“补虚劳羸弱”，“益产妇”，月子里吃乌鸡有滋补作用。如果月子里、哺乳期有阴虚潮热、口渴、食欲减退、气短等症状，吃乌骨鸡可迅速改善症状。《本草经疏》解释：“乌骨鸡补血益阴，则虚劳羸弱可除，阴回热去，则津液自生”，且“邪恶之气不得入”，也就是说可预防生病，对新妈妈和哺乳妈妈都有好处。

选购与清洗

乌鸡应买活的，要选眼球饱满、角膜有光泽，皮肤毛孔隆起，肌肉结实、富有弹性的。

杀死乌鸡后，去毛要用开水烫，烧开水后直接放入开水中迅速拔毛，剩下的小绒毛用火烫去即可。

怎么吃更营养

喝汤吃肉

最好用乌鸡炖汤喝，小火慢炖，加点相宜的食材，让食材精华慢慢融入汤中，不过尽管汤很营养，也不能弃肉不吃，否则损失很多营养。

乌鸡＋糯米

滋阴补肾。

乌鸡＋山药＋红枣

滋味提升，还有滋阴补血功效。

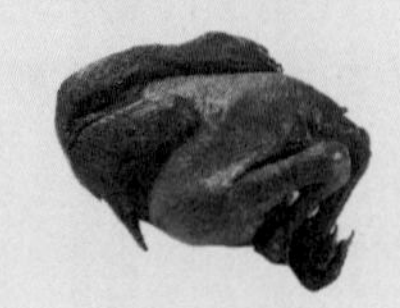

鸽子性平，味咸，归肺、肾、肝经，具有滋肾益气、祛风解毒、补虚消渴等功效。

孕期宜吃

民间有“一鸽胜九鸡”的说法。孕妈妈吃鸽肉不但能滋补，对胎儿也有好处。鸽肉中的蛋白质可改变女性子宫倾斜问题，有防止流产和早产的作用。乳鸽更好，含有丰富的软骨素，孕妈妈骨骼和关节压力加大，吃鸽子对孕妈妈有益。

月子里 哺乳期 宜吃

《本经逢原》记载鸽肉“久患虚羸者，食之有益”，新妈妈的体质与“久患虚羸”者相差无几，适合吃鸽肉。鸽肉含有较丰富的支链氨基酸和精氨酸，这两种氨基酸对体内蛋白质合成有促进作用，对产后新妈妈伤口愈合、身体恢复、泌乳都可起到促进作用。

选购与清洗

选购活鸽子时，要挑活蹦乱跳、能快速躲开人抓捕的。拨开毛选择鸽肉颜色粉红、有弹性的，蓝紫色的或者肉质不饱满的不选。羽毛很重要，要有滑而亮的光泽感。

杀死鸽子后，把滚开水浇上去，迅速拔毛，然后用火将细毛烫干净，清洗一下就可以了。

怎么吃更营养

吃白鸽

《本草纲目》记载“鸽羽色众多，唯白色入药”，即白鸽的补益性最强。

鸽肉 + 玉米

鸽子与玉米一起食用，可以防治神经衰弱，让孕妈妈或新妈妈睡好觉。

山药炖鸽

材料： 鸽子 1 只（约 200 克），山药 150 克，葱段 3 克，姜块 3 克，盐、味精各适量。

做法： 1. 将鸽子洗净，从脊背开刀，取出内脏洗净，放入开水锅里煮至水开时捞出。山药去皮，切成菱形块。

2. 取砂锅一个，倒入清水 750 毫升，放入鸽子（胸脯向上），放炉火上烧开后加入山药块、葱段、姜块（拍松），改用小火炖至鸽肉六成烂时，加盐，并将鸽子翻在上面，使山药块在下面，继续炖至鸽肉熟烂，放入味精即可食用。

功效： 健脾益胃、益肺止咳、降低血糖。

鹌鹑

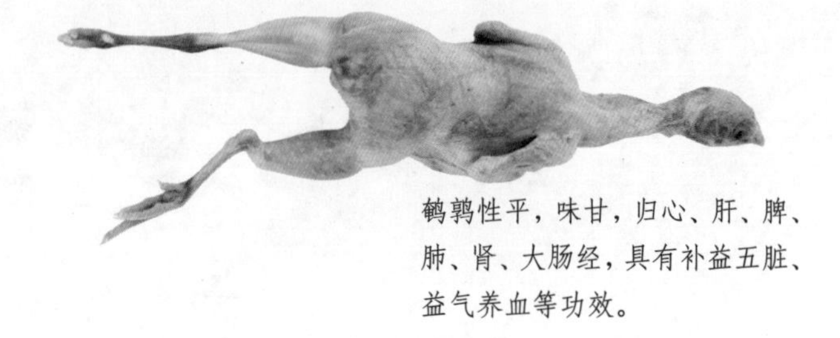

鹌鹑性平，味甘，归心、肝、脾、肺、肾、大肠经，具有补益五脏、益气养血等功效。

孕期宜吃

鹌鹑肉富含卵磷脂，有健脑作用，也是维持神经活动的重要物质，对胎儿大脑发育和神经发育有良好的促进作用，孕妈妈可以食用鹌鹑肉。鹌鹑的食疗作用也很好，《食疗本草》记载其可“补五脏，益中续气，实筋骨，耐寒暑，消结热”，平时吃鹌鹑肉可强身健体，上火时食用还能去热。另外，鹌鹑肉的胆固醇低，孕期患了高血压也可放心食用。

月子里 哺乳期 宜吃

鹌鹑肉适合营养不良、体虚乏力、贫血头晕者食用，月子里和哺乳期都可以吃，可滋补身体。而且鹌鹑性平，不会给身体带来额外负担。《本草求原》记载其可“补土续气，调肺利水湿”，这些功效可助新妈妈排出体内潴留的水分。平时体质比较差的新妈妈和哺乳妈妈，应适量吃些鹌鹑肉以增强体质。

怎么吃更营养

鹌鹑＋红枣

可补血养颜。

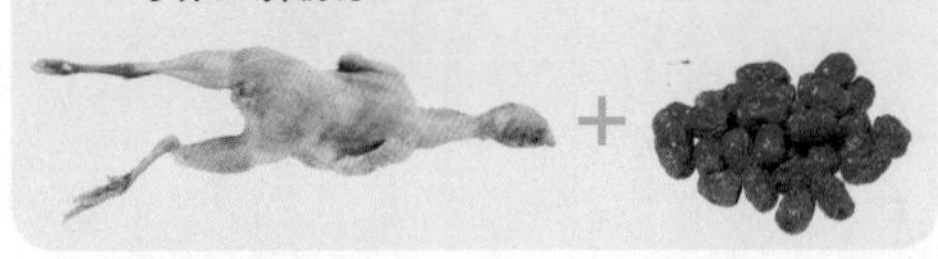

鹌鹑＋桂圆

可补肝益肾、养心和胃。

鹌鹑炖花胶

材料：鹌鹑 500 克，花胶（鱼肚）25 克，西洋参 10 克，盐 3 克，姜 5 克。

做法：1. 鹌鹑洗净，去肠杂取肉，开水烫发过，先放入炖盅里。

2. 花胶先发好，同西洋参加水放进炖盅隔水炖 3 小时，加点盐便可，也可加 2 片生姜同炖。

功效：益中补气、强筋骨、利水消肿、滋阴固肾。

鸭蛋性凉，味甘、咸，归脾、肺经，具有养阴清肺、平肝止泻、补心去火等功效。

孕期宜吃

鸭蛋富含铁，孕妈妈吃鸭蛋有助于补血。另外，鸭蛋有滋阴、去燥、润肺的功效，孕期肺热咳嗽、喉痛、牙疼时，适量吃鸭蛋可缓解病状。腹泻时，吃点鸭蛋也有食疗作用。体质偏热的孕妈妈也可以鸭蛋代替鸡蛋。

月子里忌吃

鸭蛋性凉，自然不太适合月子里食用，建议新妈妈还是不吃为好。改吃鸡蛋，补益作用也是一样的。

哺乳期宜吃

鸭蛋的蛋白质含量丰富，铁含量丰富，哺乳妈妈常吃鸭蛋，可促进泌乳，也能提高乳汁质量。容易上火的哺乳妈妈吃鸭蛋更好。

选购与清洗

鸭蛋要选颜色发青的，这是新鸭子产的；外壳发白的是老鸭子产的，营养较差。另外，不要买外壳粗糙有斑点的。鸭蛋外壳可能会有鸭子的粪便、血迹等，要洗干净后再烹调。

怎么吃更营养

不要吃咸鸭蛋

咸鸭蛋的营养价值虽然和鲜鸭蛋差不多，但含盐量太高，孕期摄入太多盐分容易引起水肿、高血压等，月子里吃也不利于体内潴留水分排出。

鸭蛋 + 银耳

滋阴润燥效果更好，肺热咳嗽时吃最好，能得到良好食疗效果，且避免吃药。

银耳鸭蛋

材料：鸭蛋 150 克，银耳（干）20 克，冰糖 15 克。

做法：1. 将银耳用清水泡发后洗净。

2. 把银耳放入锅中，加入适量清水，置于火上炖沸。

3. 撒入冰糖，再把鸭蛋搕碎打进锅中，炖至熟透即可。

功效：补虚劳、养气血，还能预防贫血。

鹅蛋性微温，味甘，归胆、胃经，有清脑益智、补中益气等功效。

孕期宜吃

孕妈妈可以吃鹅蛋，但鹅蛋的脂肪和胆固醇含量比一般蛋类都高，相较而言，营养价值并不如鸡蛋和鸭蛋高。另外，鹅蛋口感比较粗糙，也不如鸡蛋和鸭蛋好吃。鹅蛋还含有一种碱性物质，对内脏有一定的损害，所以也不如鸡蛋和鸭蛋。不过，鹅蛋富含磷脂，孕妈妈食用可促进胎儿大脑和神经发育。如果孕妈妈低热、内脏有伤、生病，则不能吃鹅蛋。

月子里哺乳期宜吃

鹅蛋性微温，月子里吃鹅蛋不会损伤身体。鹅蛋的产热量比鸡蛋和鸭蛋高，月子里吃鹅蛋可以快速补充分娩所消耗的气力，可以帮助消除疲惫。鹅蛋中比较丰富的蛋白质也有助于产后身体恢复，对哺乳妈妈泌乳也有促进作用。

选购与清洗

选购时将鹅蛋对着阳光照，蛋黄分明且鹅蛋里无丝状物为好鹅蛋。鹅蛋表面也有细菌、污染物等，储存、烹调前应该把表面清洗干净。

怎么吃更营养

不宜多吃

一个鹅蛋的重量相当于两个鸡蛋，不宜多吃，一般孕妈妈一天食用不应该超过2个，《饮食须知》中记载："鹅卵性温，多食鹅卵发痼疾。"

冰糖炖鹅蛋

材料：鹅蛋1个，冰糖、枸杞子适量，黑芝麻少许，温水适量。

做法：1. 先把冰糖碾碎。

2. 把鹅蛋整个打入蒸碗中，放入冰糖，然后倒入温水，水量须没过鹅蛋2~3公分。

3. 给蒸碗覆上保鲜膜，把蒸碗放进蒸锅，往蒸锅内注入适量冷水，然后蒸10分钟左右，最后撒上枸杞子和黑芝麻即可。

功效：和胃健脾、止咳润肺。

鹌鹑蛋

鹌鹑蛋性平，味甘，归心、肝、肺、胃、肾经，具有补脾养血、强筋壮骨、补气补血等功效。

孕期宜吃

鹌鹑蛋中的蛋白质、脂肪都与鸡蛋相当，但卵磷脂、脑磷脂含量比鸡蛋高 3~4 倍，既可为孕妈妈补充营养，也可为胎儿发育提供物质支持。鹌鹑蛋的维生素 B_2 含量丰富，为生化活动的辅助酶，孕妈妈充分摄入对胎儿生长发育有促进作用。另外，鹌鹑蛋中的维生素 D 含量高于其他蛋类，孕期吃鹌鹑蛋有利于胎儿骨骼发育。

月子里 哺乳期 宜吃

鹌鹑蛋含铁很丰富，产后新妈妈可以吃鹌鹑蛋补铁，补充分娩时流失的血液。另外，鹌鹑蛋对神经衰弱、胃病有一定的治疗作用。如果新妈妈睡不好、胃不舒服可以吃点鹌鹑蛋，有缓解作用。鹌鹑蛋的蛋白质含量也不低，可为哺乳妈妈提供更多营养物质，哺乳期也可食用。

选购与清洗

选购鹌鹑蛋时可以摇一摇看是否新鲜，没有声音的新鲜，有声音的不新鲜。另外，应选色泽鲜艳、富有光泽的。

把鹌鹑蛋用清水冲洗一下，也可用刷子刷一刷。洗的时候，表面斑点可能会掉，这是正常的。

怎么吃更营养

鹌鹑蛋 + 韭菜

鹌鹑蛋炒韭菜可以温肾暖腰，缓解肾虚腰痛等不适。

鹌鹑蛋 + 银耳

可补脾益胃，润肺滋阴。

鹌鹑蛋 + 红小豆

有补血、利水、补脾的作用。

鸡蛋

鸡蛋性平，味甘，归脾、肾、胃、大肠经，具有滋阳益精、润肺润燥、补气养血等功效。

孕期 宜吃

鸡蛋富含优质蛋白质，且是常见食物中卵磷脂、脑磷脂的重要来源，这两样物质都可促进胎儿大脑和神经发育。另外，鸡蛋有安胎作用，《日华子本草》说鸡蛋可“镇心，安五藏，止惊，安胎”。

月子里 哺乳期 宜吃

在传统饮食中，鸡蛋是月子里不可少的补益佳品，与红糖搭配食用，可补虚、促进伤口愈合，并且可促进恶露排出。产后当天就可以喝鸡蛋汤、吃鸡蛋羹等，剖宫产妈妈在排气后也可以吃鸡蛋。但不宜过多吃鸡蛋，容易营养过剩，一般一天两个就够了。哺乳妈妈如果不喜欢吃肉，则可多吃鸡蛋补充蛋白质。

猪脑

猪脑性寒，味甘，归心、脑、肝、肾经，具有补益脑髓、润泽生肌、疏风补虚等功效。

孕期 慎吃

猪脑虽有不错的补益功能，但是胆固醇含量非常高，孕妈妈食用要谨慎，以免引起高血脂、高血压等问题。而且，猪脑含有寄生虫，一旦处理不善，寄生虫进入体内，很容易威胁胎儿安全，有可能引起流产、畸形等严重问题。

月子里 忌吃

猪脑性寒，不适合月子里食用。不过在因气血虚亏引起头晕头痛、神经衰弱或偏头痛时，则可在医生指导下适量食用猪脑，一定要煮透、煮熟。

哺乳期 少吃

哺乳期虽然消耗大，胆固醇摄入略高一点问题不大，但也不能吃太多，只能偶尔少量食用。

猪肝

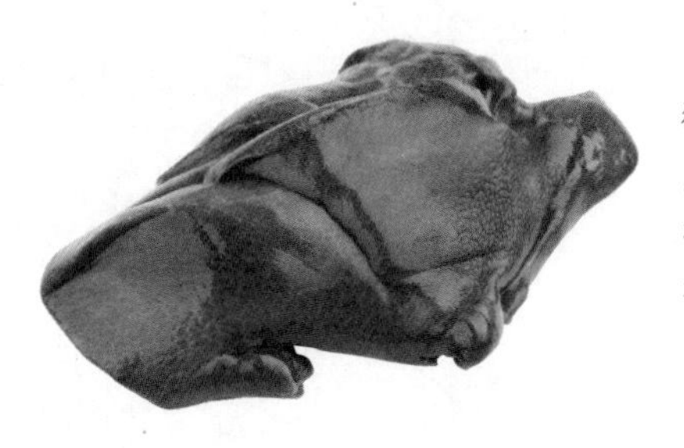

猪肝性温，味甘、苦，归肝、脾、胃经，具有补肝明目、养血排毒、补气健脾等功效。

孕期 慎吃

猪肝作为解毒器官，有毒素残留，《随息居饮食谱》说猪肝“平人勿食”。另外，猪肝“治诸血病”，有一定的活血、破血功效。所以孕期吃猪肝应该谨慎，特别是怀孕早期和怀孕晚期，最好不要吃猪肝，以免导致胎儿不稳。若在孕中期食用，也应适量。

月子里 宜吃

猪肝含有丰富的铁元素，月子里食用猪肝有很好的补血、养血作用。孕妈妈分娩时损耗很大，月子里可能出现眼睛干涩、视力下降等不适，吃猪肝则可以“养肝明目”。猪肝的活血作用也利于恶露排出，台湾地区就把麻油猪肝视为月子里的必吃食物。

哺乳期 慎吃

有些哺乳妈妈吃了猪肝，奶水会减少；有些哺乳妈妈吃了，奶水会增多。吃猪肝是否回奶与个人体质有关，哺乳妈妈吃猪肝应该谨慎。

选购与清洗

猪肝要选软嫩的，手指稍用力就能从切口处插入为好。颜色应如鸡肝或是赭红色的，不能选紫红色的。猪肝应彻底清洗，先用流动水冲洗 10 分钟，然后浸泡 30 分钟，切片后再泡洗一下。

怎么吃更营养

熟透食用

炒猪肝时不要贪嫩，半生半熟的猪肝中含有细菌、寄生虫等，应该炒熟透后再吃。

不宜多吃

猪肝的胆固醇含量比较高，食用太多对心脑血管不利，一周最多吃一次，一次吃 50 克左右。

猪肝 + 大豆、蒜薹、白菜

大豆中的植物淄醇可与猪肝中的胆固醇结合，减少身体对胆固醇的吸收，是比较健康的吃法。猪肝也可与蒜薹一起炒，有缓解大脑疲劳作用；与白菜一起炖，有滋补作用。

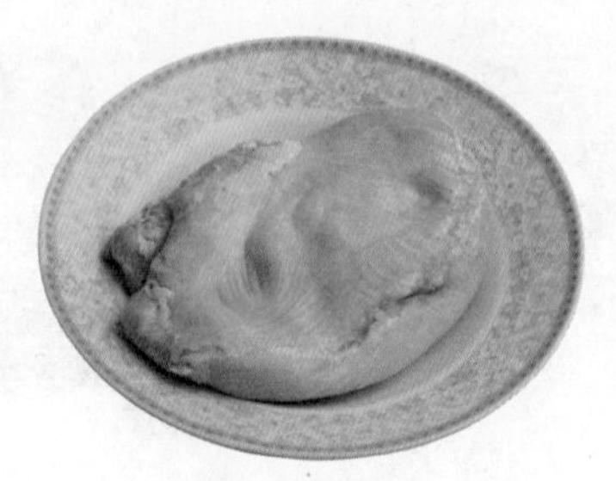

猪肚性微温，味甘，归胃、脾经，具有健脾益胃、补虚损、止泄泻等功效。

孕期宜吃

《千金髓》记载用猪肚加葱等煮食可“温养胎气”，可见孕妈妈吃能安胎。《日华子本草》说猪肚“补益脾胃，则精血自生，虚劳自愈，根本固而后五脏皆安也”，中医认为吃猪肚补脾胃，脾胃好了，气血运行都会顺畅，胎儿就能安稳。尤其是脾胃较弱的孕妈妈，可适量多吃猪肚。

月子里 哺乳期 宜吃

猪肚性微温，月子里吃很合适。《王孟英医案》记载：多次流产或分娩后身体虚弱，用猪肚煮烂成糜，经常服食可治愈。可见月子里吃猪肚是很好的，而且多吃点也没关系。不过月子里吃猪肚，一定要煮烂熟，不能吃韧劲大的，以免损伤牙齿。猪肚有助于消化，其营养也比较全，哺乳妈妈食用有利于营养吸收、乳汁分泌。

选购与清洗

猪肚要选黄白色的，手摸着很劲道、弹性足、黏液多的，另外猪肚中间不能有块状物。猪肚难以清洗，可以用面粉搓洗几遍，水冲后就能干净了。

怎么吃更营养

煮熟再蒸

猪肚用水煮熟后切成条，放入碗中，加点水上锅蒸一会儿，猪肚会胀大、变嫩，更容易消化。

不能先放盐

烹调猪肚的时候不能先放盐，否则猪肚会紧缩，口感变差而且不易消化。

莲子猪肚汤

材料：猪肚1个，去心莲子40颗，盐、姜、鸡精、花生油各适量。

做法：1. 将姜去除外皮，用清水洗净，切成丝。

2. 将去心莲子煮熟，装入洗净的猪肚内，用线缝合开口，放入锅中隔水蒸至猪肚熟透，取出晾凉。

3. 将猪肚切块，用花生油加姜丝煸炒，最后加盐和鸡精调味即可。

功效：强心安神、止咳消积、补虚益气，产妇常食有益于健康。

猪腰

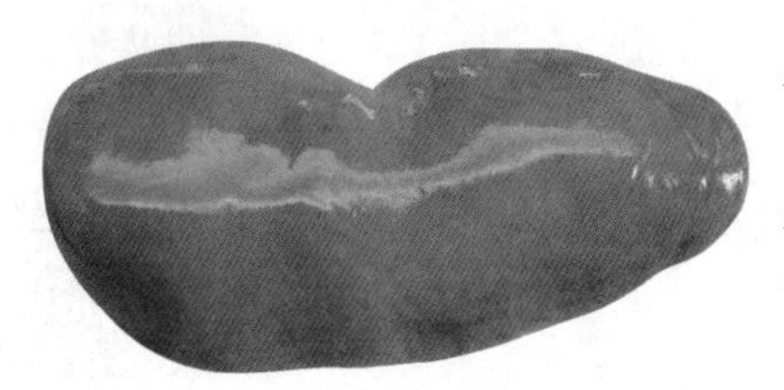

猪腰性平，味甘、咸，归肾经，具有补肾、利水、通膀胱、理气等功效。

孕期宜吃

猪腰的胆固醇含量高，高血脂、高胆固醇者不宜食用，孕妈妈若身体健康能吃。不过，必须注意把猪腰上的一层白膜彻底去掉，这是猪的肾上腺，如果误食可引起中毒，也有可能诱发妊娠水肿、高血压、糖尿病等。在孕早期和孕晚期，孕妈妈容易尿频，不要多吃猪腰，因为猪腰利水，会加重尿频。

月子里 哺乳期 少吃

猪腰可补肾，月子里、哺乳期是可以吃的。不过也不能吃太多，猪腰的胆固醇含量高，吃太多可能会危害心脑血管健康，引起高血压等疾病。

选购与清洗

新鲜猪腰是浅红色的，有弹性，有光泽，有血点的不能买，颜色发青、发白的不能买，质地松软、无弹性的不能买。

猪腰剥去筋膜后用清水冲洗，切片后还要再用水泡洗。

怎么吃更营养

去腥

猪腰有一种浓重的腥味，如果腥味不去，难以下咽。将猪腰洗干净后用白酒浸泡、搓揉可去腥。另外，用葱姜汁、花椒水浸泡也可去腥。

猪腰 + 木耳

猪腰和木耳搭配最适合月子里食用，既补肾补虚又排毒养颜。

杜仲腰花

材料： 猪腰（猪肾）1 个，杜仲 9 克，高汤 400 毫升，姜片、油各适量。

做法： 1. 猪腰洗净后，在水中浸泡 2 小时，切成两半，将里面的白色尿腺剔除干净。

2. 杜仲洗净后放入高汤中加盖煮开，转小火炖半小时，取出备用。

3. 将清理干净的猪腰在表面斜切数条后，切成 3 厘米宽的片。

4. 油加热，然后放入姜片，转大火，放入猪腰片炒至变色。

5. 放入备用的汤汁煮开后，马上关火，趁热吃。

功效： 补肝肾、降血压。

猪心性平，味甘、咸、归心经，具有养心养血、安神镇惊、补虚的功效。

孕期宜吃

猪心有营养心肌、增强心肌收缩力的功效，孕妈妈也能食用。如果孕期出现惊悸出汗、心虚失眠、精神恍惚等问题，吃猪心能起到安神定惊的功效。如果孕妈妈患有心脏方面的疾病，也可吃猪心，有辅助治疗的作用。但是，猪心中的胆固醇含量很高，不宜多吃。如果孕妈妈本身胆固醇高或者患有高血压、高血脂等疾病，孕期就不能吃了。

月子里 哺乳期 宜吃

猪心性平，月子里不忌讳食用。吃猪心还可以治疗产后比较严重的疾病：《千金•食治》记载猪心“主虚悸气逆，妇人产后中风，聚血气惊恐”，如果产后中风，出现一侧上下肢、面肌、舌肌下部等的运动障碍，可煮一颗猪心调味食用。哺乳期可以吃猪心。

选购与清洗

新鲜猪心的颜色是红或淡红色的，有弹性，如果颜色暗淡或者有结节、肿块、斑点、腥味很大、弹性不足、肌肉松软都不能买。

猪心清洗不干净，味道会很大，清洗后用面粉裹住放一两个小时可以去味。

怎么吃更营养

猪心 + 小米

小米煮粥搭配凉拌猪心食用，很适合睡眠不好的孕妈妈和新妈妈，有很好的安眠作用。

黄花菜猪心汤

材料： 黄花菜 20 克，猪心 1 个，青菜、盐各适量。

做法： 1. 将猪心洗净，入热水中氽烫一下，然后捞起放入清水中，用手挤压出血水，反复换水。

2. 青菜洗净，黄花菜用温水泡发。

3. 锅中加 3 碗水，放入猪心，大火煮开后转小火煮约 15 分钟，取出切薄片。

4. 锅中加 2 碗水，放入黄花菜煮开，然后将猪心片、青菜一并放入，略煮一会，加盐调味即可。

功效： 消炎清热、利湿助眠。

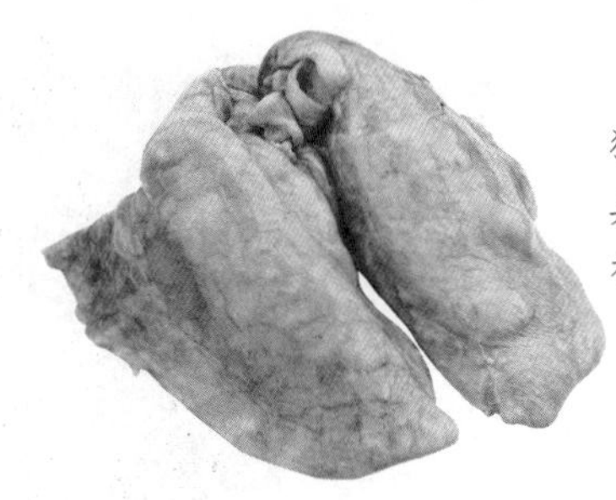

猪肺性平，味甘，归肺经，具有补肺润燥、止咳止血、补虚等功效。

孕期 宜吃

只要清洗干净，偶尔吃猪肺没有什么害处，有补肺功效。另外，孕期吃得多、长时间消化不良有可能导致肺热，吃点猪肺可以清肺热，避免成病。肺虚咳嗽时，吃猪肺则有食疗作用，《本草纲目》记载猪肺“疗肺虚咳嗽、嗽血”。但不要经常、大量食用，《随息居饮食谱》说：“猪之脏腑，不过为各病引经之用，平人不必食之。不但肠胃垢秽可憎，而肺多涎沫，心有死血，治净匪易，烹煮亦难。”

月子里 哺乳期 宜吃

猪肺性平，月子里能食用。可以煮猪肺汤，喝汤吃肺片。也可以用麻油炒熟猪肺，和粥一起食用，这是很适合月子里的一种吃法，可润肺、补肺，预防月子里因肺热而咳嗽。不过如果大便溏薄、体质虚寒，则不应食用猪肺。哺乳期食用也没什么害处，但不要多吃。

选购与清洗

猪肺要选色泽粉红、有光泽的，还要富有弹性。如果颜色呈灰白、褐绿色，有异味，表面有结节、气块、水肿都不能买。

清洗猪肺时，将水从猪肺管灌入，灌满倒出几次后切片，放入面粉揉搓再冲洗干净，最后放入开水中煮 5 分钟后捞出洗净即可。

怎么吃更营养

猪肺 + 白菜干、梨

猪肺搭配梨或者白菜干食用或者在煮猪肺时放入沙参、玉竹、百合、罗汉果、银耳、无花果等，都具有润肺止咳的功效。

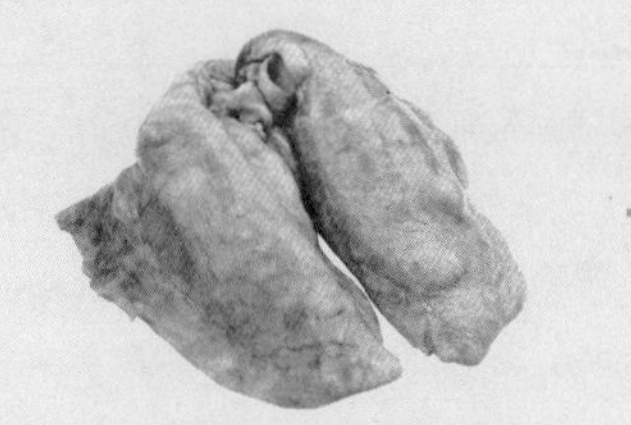

+

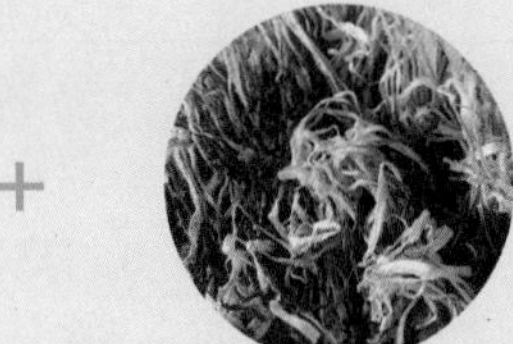

蚕蛹性平，味甘、咸，归脾、胃经，具有消积化食、生津止渴、杀虫退热的功效。

孕期 宜吃

蚕蛹富含蛋白质，是虚劳羸弱者的补益佳品。《日华子本草》称其“治风及劳瘦”；《泉州本草》则说：“治劳瘵骨瘦如柴：蚕蛹不拘多少，炒熟吃。”孕妈妈也能吃蚕蛹。蚕蛹中含有的甲壳素、壳聚糖可以提高免疫力和增强肝脏功能。不过，蚕蛹中的蛋白质易致敏，如果是过敏体质，孕妈妈就要慎食。

月子里 宜吃

充足的蛋白质摄入能促进伤口的愈合，新妈妈吃蚕蛹对子宫内创面、产道伤口愈合都有促进作用。而且，蚕蛹的高蛋白可促进母乳分泌，提高母乳质量。一向身体瘦弱的新妈妈可以在月子里吃蚕蛹补一补。

哺乳期 慎吃

蚕蛹容易引起过敏，哺乳妈妈食用需小心。如果宝宝没有过敏反应，则可以常吃，蚕蛹的高蛋白对泌乳很有利。

选购与清洗

蚕蛹要买活的，要选用手碰一下就跳起来的。另外，浅色的蚕蛹比深色的新鲜。蚕蛹处理不好可能会引起中毒，清洗之前一定要用温水浸泡 15 分钟，之后加盐再浸泡一会儿。

怎么吃更营养

适量食用

一次吃七八颗蚕蛹就够了，不宜多吃，其蛋白质含量非常高，吃多了也吸收不了，只会增加肾脏负担。

充分加热

吃蚕蛹不当容易引起食物中毒，不管采用任何烹调方法，建议先把蚕蛹放在开水里煮 15 分钟后再烹调。没吃完的下次食用时，也要充分加热。不能生吃且不能凉拌着吃。

蛇肉

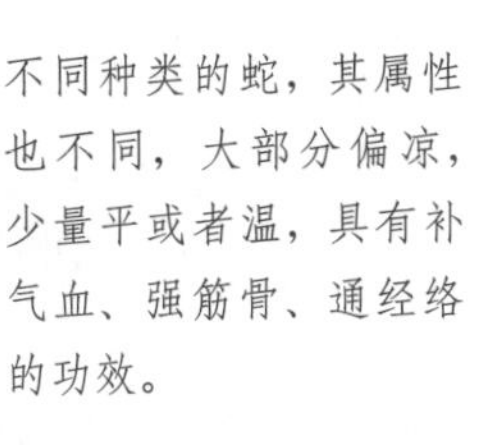

不同种类的蛇，其属性也不同，大部分偏凉，少量平或者温，具有补气血、强筋骨、通经络的功效。

孕期 慎吃

蛇肉尽管营养丰富，补益功能也很强，但是孕妈妈要慎重，最好不要吃蛇肉，也不要亲自烹调。蛇肉中含有大量寄生虫，即使高温烹调也不可能完全杀死。如果这些寄生虫进入胎盘则必然影响胎儿发育，可能导致流产或者畸形。

月子里 慎吃

大部分蛇肉都偏凉，不适合月子里食用。而且，蛇肉有促进汗液代谢的作用，不适合月子里身体虚弱的新妈妈。况且，蛇肉里的寄生虫问题难以解决。

哺乳期 慎吃

哺乳妈妈和宝宝如果体质都比较好，寒凉食物不会带来不利影响，可以少吃一些蛇肉，但是一定要吃养蛇场里养殖的蛇肉，而且要用高压锅烹调。一定要慎重。

田鸡

田鸡性寒，味甘，归膀胱经，具有利水消肿、健脾消积、滋阴助阳的功效。

孕期 慎吃

田鸡以农田里的害虫为食，体内容易含有多种化肥、农药、病菌、毒素。另外，田鸡还可能带有一种寄生虫——裂头蚴，这种寄生虫可进入胎盘侵犯胎儿，进而引起死胎、流产和畸形。所以，孕后应慎吃田鸡，最好不吃。

月子里 慎吃

虽然《本草纲目》记载：“南人食蛙蛤，云补虚损，尤宜产妇。”但也不建议新妈妈吃田鸡，田鸡性寒，不利于产后恢复。况且，田鸡体内的有害物质难以去除。

哺乳期 慎吃

哺乳期食用性寒食物会影响奶水质量，让奶水偏寒，宝宝肠胃弱，可能会引起宝宝腹泻，所以哺乳期也要慎吃田鸡。田鸡体内的农药、化肥也可能会转移到乳汁中，影响宝宝健康。

水产品

鲫鱼性平，味甘，归脾、胃、大肠经，具有健脾开胃、利水除湿、益气通乳等功效。

孕期 宜吃

《本草经疏》认为：“鲫鱼调胃实肠，与病无碍，诸鱼中惟此可常食。”即使生病也能吃鲫鱼。鲫鱼的可贵之处在于“性和缓，能行水而不燥，能补脾而不濡”(《医林纂要》)，吃鲫鱼只有好处而没有害处。鲫鱼还能利水消肿，孕晚期出现水肿时可多吃鲫鱼。

剖宫产前后 忌吃

鲫鱼含有丰富的EPA，该物质能抑制血小板凝集，不利于伤口愈合，所以剖宫产者在产前不能吃鲫鱼，产后要在伤口痊愈后才能吃。

月子里 哺乳期 宜吃

鲫鱼“主虚羸”(《本草拾遗》)，新妈妈产后一般都虚弱，吃点鲫鱼正好起到补养作用。而且，鲫鱼有通乳功效，能增加泌乳量，产后1周左右就可以吃鲫鱼了。如果消化不好，还可以吃鲫鱼补脾胃，《唐本草》讲鲫鱼“主胃弱不下食”。

选购与清洗

鲫鱼要选身体扁平、色泽偏白、鱼眼凸出、眼球黑白分明的，太肥硕、颜色暗沉、眼球浑浊、凹陷的不能买。鲫鱼只要洗到没血水即可，另外要把鱼腹里面的黑膜撕掉。

怎么吃更营养

清蒸、清炖最好

鲫鱼清蒸、清炖，使营养成分能得到最好的保留，还特别容易消化。

鲫鱼 + 豆腐

蛋白质和钙质吸收率都会提高。

鲫鱼 + 豆芽

通乳作用会提升。

鲤鱼

鲤鱼性平，味甘，归脾、肺、肾、胃经，具有补脾健胃、利水消肿、安胎通乳等功效。

孕期 宜吃

《本草拾遗》说鲤鱼“主安胎。胎动、怀妊身肿，为汤食之”，胎动不安、孕期水肿，都可煮鲤鱼汤食用，可缓解症状。鲤鱼中的蛋白质非常易于被人体消化、吸收，而脂肪多是不饱和脂肪酸，多吃也不会增加高血压、高血脂等风险，是一种健康安全的食物。鲤鱼也富含维生素 A、维生素 D，可以帮助胎儿视力和骨骼发育。

月子里 哺乳期 宜吃

《本草纲目》记载鲤鱼能“下乳汁”，产后乳汁稀少者可以用鲤鱼炖汤食用，下乳效果很明显。在产后 1 周以后，乳腺管通畅后就可以食用了。另外，《全国中草药汇编》记载鲤鱼还有镇咳平喘的作用，如果月子里咳嗽可以吃鲤鱼缓解。

选购与清洗

鲤鱼要买活鱼，应选眼球凸出，黑白分明的，鱼身扁平的，这样的鱼肉多、内脏少。鳞片要求紧贴鱼身，如果松动脱落不能买。

杀好的鱼只要清洗到没有血水就可以，然后把腹内黑膜剥掉。

怎么吃更营养

鲤鱼 + 红小豆

消肿功效增强。

鲤鱼 + 香菇

营养互补、丰富且全面，还可增强免疫力。

鲤鱼小米粥

材料： 鲤鱼 500 克，小米 100 克，佐餐酱油少许。

做法： 1. 先将鲤鱼去鳞、内脏，切成小块。

2. 把小米淘洗干净，和鲤鱼块一起放入锅中，慢火煮粥，煮至鲤鱼块与小米烂熟。

3. 粥内不宜放盐，适宜淡食，放入少许佐餐酱油即可，吃肉喝粥。

功效： 消肿安胎，清淡营养，易消化。

黑鱼性凉，味甘，归胃经，具有利水消肿、补脾益胃、通大小便等功效。

孕期宜吃

《医方一盘珠》记载黑鱼可“安胎，治惯小产者”，说明黑鱼有安胎作用，习惯性流产者吃黑鱼有治疗作用，普通孕妈妈吃黑鱼可安胎。另《食疗本草》记载黑鱼“下大小便拥塞气”，可通大小便，孕期便秘者可吃黑鱼通便。

月子里 哺乳期 少吃

尽管黑鱼有比较好的催乳补血功效，也可治疗产后体虚，但是毕竟黑鱼性凉，月子里前半段还是不吃为好，应用其他鱼代替。满月后如果有乳汁少、身体虚的毛病，可吃黑鱼调节、改善。

黑鱼可催乳、补血，很适合哺乳期食用。不过，因为宝宝怕寒凉，所以也不宜多吃。在哺乳妈妈或者宝宝上火时吃点黑鱼最适合。

选购与清洗

黑鱼颜色越深越新鲜，另外应挑眼睛凸起、眼珠澄清并有光泽的，鳃盖要紧闭，鱼鳃要鲜红、没有黏液。黑鱼身上的黏液难以清理，可在其上抹面粉揉搓，擦掉，然后用水冲洗即可。

怎么吃更营养

黑鱼 + 冬瓜、葱白

黑鱼和冬瓜、葱白一起炖食，有消水肿作用，孕期水肿严重时可吃。《食物中药与便方》记载：大黑鱼去内脏，不刮鳞，和同等量的冬瓜一起炖，加少许葱白、大蒜，不加盐，喝汤吃鱼，每天 1 剂，连吃 3~7 天即可消水肿。

黑鱼通草汤

材料： 黑鱼 1 条，通草 3 克，葱、盐、料酒各适量。

做法： 1. 将黑鱼去鳞及内脏，洗净。

2. 将通草和适量葱、盐、料酒、水一起下锅炖熟即可。

功效： 通草有清热利湿、通经下乳的作用，黑鱼富含优质蛋白质，并有促进伤口愈合的作用。

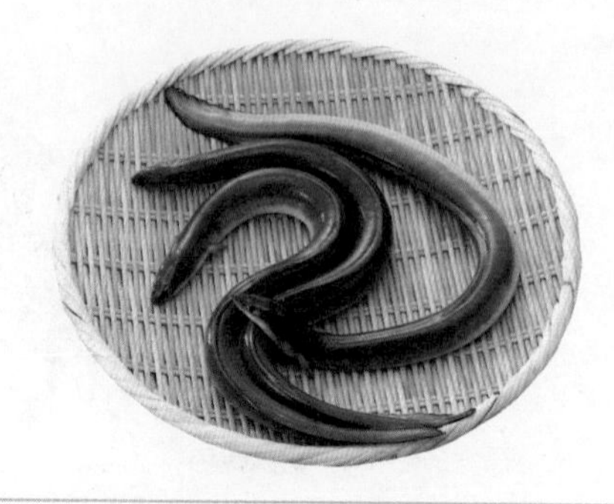

鳗鱼性平，味甘，归脾、肾经，具有补虚养血、强筋健骨、祛风除湿、清凉解暑等功效。

孕期 少吃

孕妈妈食用鳗鱼对胎儿发育和自身健康都有益，鳗鱼中含量极高的磷脂、DHA、EPA，都有益于胎儿大脑发育。而且，鳗鱼的皮和肉都含有丰富的胶原蛋白，孕期食用对减少妊娠纹有良好功效。但也不宜多吃，《随息居饮食谱》记载“多食助热发病”。

剖宫产前 忌吃

鳗鱼的 EPA 含量比较丰富，会影响血小板凝集，所以剖宫产前不能食用，以免影响刀口愈合。

月子里 宜吃

产后新妈妈都有一定程度的虚劳问题，五脏也有耗损，吃鳗鱼能有效补充营养，促进身体恢复。不过，脾胃比较弱、容易腹泻的新妈妈还是不吃为妙。

哺乳期 慎吃

吃鳗鱼引起过敏的情形也很多，宝宝易过敏，哺乳妈妈吃鳗鱼要谨慎，最好不吃。

选购与清洗

如果是包装好的产品,应选体表微黄或者黄色,肌肉结实,没有异味和霉斑的。如果是活鱼，应选颜色藏青、表面光滑、肉质坚实、没有损伤的。

鳗鱼可以先让市场售鱼人处理好，回家后用面粉搓去表面黏液，冲洗干净即可。

怎么吃更营养

鳗鱼 + 蔬菜

鳗鱼的各种营养含量都很高，唯独缺乏维生素 C，几乎没有，吃鳗鱼的时候如果搭配含维生素 C 丰富的蔬菜，营养会更全面。

鳗鱼 + 山药

可补一切虚劳体弱，适合产后新妈妈食用。

+

鳝鱼性温，味甘、咸，归肝、脾、肾经，有补中益脾、养血益气、温阳强精等功效。

孕期 宜吃

鳝鱼含有一种鳝鱼素，可以调节、降低血糖水平，能防治妊娠糖尿病；另外，其含脂肪极少，所以血糖、血压、血脂偏高的孕妈妈都可以吃鳝鱼。鳝鱼也富含DHA、卵磷脂，孕妈妈食用可补脑健身，也能促进胎儿大脑发育。但患某些疾病时不适合食用鳝鱼,《随息居饮食谱》记载："时病前后，疟、痢、胀满诸病均大忌。"虚热及外感病患者慎服。

月子里 宜吃

《本草拾遗》记载鳝鱼主"补虚损，妇人产后淋漓，血气不调、羸瘦"等,产后如果恶露淋漓不止可以多吃鳝鱼止血,同时也能改善体质。在月子前半个月最好不吃鳝鱼，以免恶露不畅。鳝鱼性温，而且蛋白质含量很高，月子吃鳝鱼有助于身体恢复,《滇南本草》说鳝鱼可"添精益髓，壮筋骨"。

哺乳期 慎吃

鳝鱼含有高致敏物质，宝宝身体弱、抗过敏能力差，哺乳妈妈不宜食用，以免引起宝宝过敏。

选购与清洗

黄鳝要选颜色灰黄、摸起来比较柔软的，这样的肉质细腻、口感好。闻起来有臭味的不能买。黄鳝不容易杀,应先让售鳝者杀好。回家后用清水冲洗几遍,用盐和生粉抓揉,清水冲洗，几遍后就干净了。

怎么吃更营养

尽快烹调

鳝鱼死后，体内会产生组胺，量大可引起中毒反应，因此宰杀后要尽快食用。如果需储存也要烹调后再储存。

鳝鱼＋青椒、藕

鳝鱼搭配青椒食用，降血糖功效更显著；搭配藕食用可有效缓解疲劳、干咳等症状。

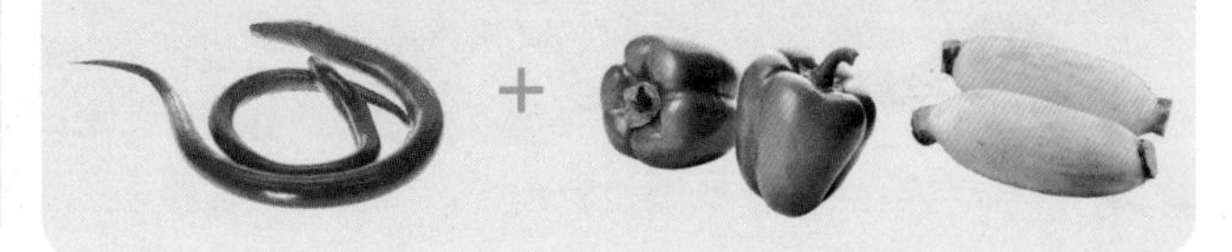

泥鳅

泥鳅性平，味甘，归肝、脾、肾经，具有补中益气、益肾助阳、除湿疗痔等功效。

孕期宜吃

泥鳅中的蛋白质高、胆固醇低、脂肪低，孕妈妈可以吃，患了妊娠高血压的孕妈妈也可以放心食用。泥鳅有利水作用，孕后期水肿时可常吃，有助于消水肿。孕妈妈容易缺钙，导致腰疼、腿抽筋，用泥鳅炖豆腐食用可以改善这种状况。

月子里 哺乳期 宜吃

泥鳅性平，月子里可以食用。另外，泥鳅含有较丰富的铁，可以为新妈妈补铁补血，补充分娩时损失的血液。并且，月子里食用高蛋白食物既能为身体复原、伤口愈合提供物质基础，促进产后恢复，对下奶也有促进作用。

选购与清洗

泥鳅要选活力强、眼球凸出、有光泽的，鳃要紧闭，身上黏液透明、有光泽。不要买死泥鳅或者特别胖大的泥鳅。

泥鳅不易清洗，可先将盐撒在泥鳅身上，盖紧器皿，能把泥鳅杀死，同时使其吐出腹中泥沙，四五分钟后拿出冲洗、去内脏就可以了。

怎么吃更营养

煮熟透

泥鳅体内有寄生虫，食用时必须煮熟透。烹调时用几片姜片，既杀虫又去腥味。

泥鳅＋豆腐

泥鳅和豆腐搭配，可补充蛋白质、钙质，其胆固醇很低，是很健康的菜。

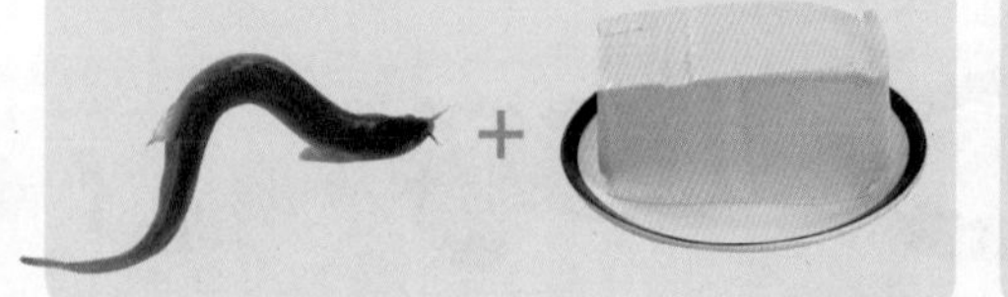

泥鳅炖南豆腐

材料：泥鳅 240 克，南豆腐 150 克，香菜、葱、姜、料酒、白胡椒粉、盐、油各适量。

做法：1. 洗净宰杀好的泥鳅，焯水捞起；姜切片；葱和香菜洗净，葱切粒，香菜切段；南豆腐冲净，切小块。

2. 锅内放油烧热，放入泥鳅两面煎香，淋入料酒，倒入水和姜片，待烧开后倒入宽口瓦煲，放入南豆腐，用中小火煮 30 分钟，撒入葱粒和香菜段，下盐和白胡椒粉调味即可品尝。

功效：健脾益气、延年益寿。

专题 补脑饮食助力胎儿脑发育

胎儿脑发育有三个关键时期：第一个是怀孕前8周，这是脑部形成时期；第二个是怀孕20周，这是脑细胞增殖时期；第三个是怀孕30周，这是脑成长活跃时期。前两个时期可以看成基础建设时期，后一个时期的基础建设基本完成，是功能提升时期。在这三个时期都要认真摄入营养，还要适时额外补充一些促进大脑发育的营养素。

基础营养摄入充足是前提

有些孕妈妈重视食用补脑食品，却忽视了其他常规营养。事实上，大脑对营养的需求是多方面的。蛋白质、脂肪、碳水化合物这三类始终都是最需要的。蛋白质是物质基础，脂肪是维持细胞膜完整或功能不可缺少的物质，碳水化合物是代谢必需的能量。没有这些基础营养，吃再多补脑食品都是无用功。所以，无论在哪个阶段，都不要忽视基础饮食，之后才是额外补充健脑营养。不要本末倒置。

补充一些健脑食品

鱼类食物和海藻类食物都含有丰富的DHA。DHA是公认的可提升智力的物质，可常吃。豆类食物、鸡蛋含有丰富的卵磷脂，对大脑、神经发育都有促进作用，可常吃。坚果类食物含有亚油酸，亚油酸进入体内也会转化为ARA，也能为大脑发育提供营养。如果平时饮食搭配合理，可不吃专门的补脑营养品，毕竟人体吸收能力有限。

避免食用伤脑食物

腌制菜、咸鸭蛋等过咸食物会影响大脑供氧；腊肉、熏鱼等含有过氧化脂质会导致大脑早衰；爆米花、松花蛋等含铅，铅能杀死脑细胞；油条、油饼等食物含铝会造成记忆力下降，这些食物都可能间接影响胎儿大脑发育，孕妈妈不要食用。

鲶鱼性温，味甘，归胃、膀胱经，具有滋阴补气、催乳补虚、利尿消肿等功效。

孕期宜吃

鲶鱼也具备其他鱼类的高蛋白、低脂肪的优点，也有利水消肿的功效，而且还能润泽肌肤。《食经》记载鲶鱼“主虚损不足，令人皮肤肥美”，吃鲶鱼可以减少妊娠纹。不过，鲶鱼是发物，身患慢性病或者皮肤病的孕妈妈最好不吃。

月子里 哺乳期 宜吃

在部分地区，有一种坐月子的习惯，用鲶鱼煮汤，再用鲶鱼汤煮鸡蛋或者荷包蛋给产后新妈妈食用，能补产后虚弱，连续食用可以增加奶水量，是产后新妈妈的必吃食物。虽然鲶鱼的催乳功效很好，但不能在产后马上食用，此时乳腺管还没完全畅通，奶水太多容易导致瘀积。

选购与清洗

鲶鱼要选青灰色或者牙黄色的，不要选黑色的，黑色的腥味重。鲶鱼腥味重，单靠清洗很难去除，买回的鲶鱼可以放在盆里，加上清水，每天换水，养五六天，腥味会大大减轻，之后再清洗即可。

怎么吃更营养

养几天再吃

鲶鱼养几天再烹调，可以去腥味，也会减少其体内脂肪，食用更健康。

鲶鱼炖茄子

材料：鲶鱼 2 条，茄子 2 根，油、葱、姜、蒜、香菜、料酒、醋、糖各适量，豆瓣酱 2 汤匙。

做法：1. 将鲶鱼宰杀，去其鳃和内脏、鱼鳍鱼尾，并冲洗干净；茄子洗净切条。

2. 在水中放醋，反复清洗干净鲶鱼表面的黏液，冲洗干净，沥干水分，将其剁成段。

3. 将葱白切段，姜切片，豆瓣酱剁碎，起油锅，放入葱段、姜片、蒜和豆瓣酱爆香，炒出红油。

4. 下入切好的鲶鱼段，放入料酒和醋，添加适量水，加糖调味，大火烧开，放入茄子条，中火煮至茄子条软烂时，用盐调味。

5. 大火收汁，起锅前撒上香菜即可。

功效：抗衰老、增强体质，并有下奶的作用。

章鱼

章鱼性平，味甘，无毒，具有养血益气、收敛生肌、延缓衰老、催乳等功效。

孕期宜吃

章鱼含有丰富的胶原蛋白，孕妈妈因为激素变化、脂肪增加，容易出现妊娠纹，多吃章鱼可以增加皮肤弹性，预防或减少妊娠纹。《泉州本草》记载其“益气养血，收敛，生肌”，可见对孕妈妈有很好的补养作用。不过，有过敏经历的孕妈妈需谨慎。

月子里宜吃

在月子里，章鱼向来被作为通乳、补虚的食品，一方面可以治疗产后体虚、营养不良导致的乳汁缺少，另一方面可以改善血虚问题，帮助产后新妈妈排出恶露。

哺乳期慎吃

有些人对章鱼过敏，即使妈妈不过敏，也要为宝宝考虑，哺乳期慎吃章鱼，以免导致宝宝过敏。

选购与清洗

章鱼要选购体形完整、肥大、触角粗壮的，色泽要鲜明，要红中带粉、带白的，色泽紫红的不太好。要把章鱼皮剥去，把头部的内脏全部挤出来，然后反复清洗其身上黏液，直到水清澈为止。

怎么吃更营养

煮熟吃

有些地方吃章鱼偏好吃活的，孕妈妈和新妈妈都不要这样吃，因为细菌和寄生虫太多，容易被感染。用姜、醋炒了常吃，补血益气效果更好。

炖汤最营养

章鱼的做法很多，但是烤、红烧会增加胆固醇等有害物质，最好的方法还是清水炖汤，加点盐就很美味了，最健康。

章鱼 + 木瓜

月子里吃章鱼，搭配木瓜炖汤，通乳功效非常强。

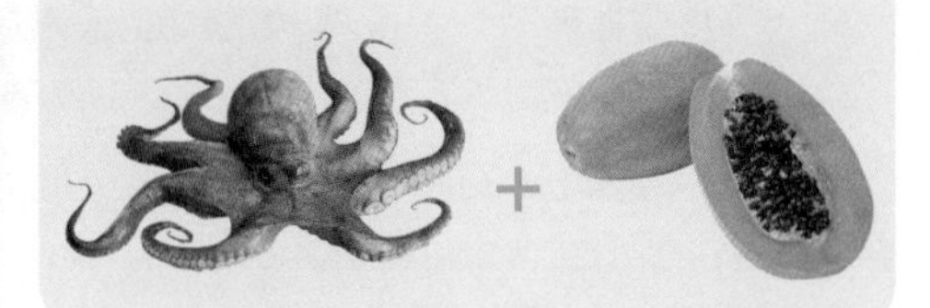

鱿鱼

鱿鱼性平，味咸，归肝、肾经，具有滋阴养胃、补虚润肤、补血益气等功效。

孕期 宜吃

鱿鱼虽然含有胆固醇，但属于高密度胆固醇，对人体有益无害，且鱿鱼含有牛磺酸，二者相互配合可让人体有效利用胆固醇，是一种健康食物。牛磺酸还对恢复视力有帮助，孕妈妈如果发现怀孕期间视力下降了，可以吃点鱿鱼。另外，鱿鱼中的多肽和硒能抗病毒，可帮助孕期预防疾病、抵抗射线侵害。

剖宫产前 忌吃

鱿鱼的 EPA 含量很丰富，剖宫产前不要吃鱿鱼，以免影响血小板凝集功能，增加出血，也不利于伤口愈合。

月子里 宜吃

月子里也可以吃鱿鱼，鱿鱼富含钙、铁、磷，可帮助造血，补充分娩时的失血，也可帮助补钙，补充新妈妈泌乳消耗的钙。

哺乳期 慎吃

鱿鱼容易引起过敏。如果宝宝出现湿疹、腹泻等过敏反应，哺乳妈妈应该少吃一切易致敏的食物，包括鱿鱼。

怎么吃更营养

煮熟食用

鱿鱼中含有多肽，必须煮熟后才能食用，否则会引起肠胃不适。适宜炒、煮、煲汤食用，不宜烤、炸后食用。

孜然鱿鱼

材料：鱿鱼 1 只，油、白醋、孜然、葱末、姜片、蒜蓉各适量。

做法：1. 将鱿鱼剪开，把墨囊取出，剥下皮，剪去内脏，并冲洗干净。

2. 将鱿鱼切成花刀片，放沸水中焯一下，捞出沥干。

3. 锅中放油烧热，放入葱末、姜片。

4. 炝锅后倒入鱿鱼片，快速翻炒，再放入白醋、孜然将鱿鱼片炒熟透，加蒜蓉略炒即可。

功效：鱿鱼含有丰富的蛋白质及多种矿物质，对宝宝骨骼发育和造血十分有益。

鳕鱼

鳕鱼性平，味甘、酸，归肝、大肠经，具有活血止痛、通便的功效。

孕期 慎吃

鳕鱼富含维生素 A、维生素 D，是提取鱼肝油的主要原料，其脂肪含量极其低、蛋白质含量高，而且 DHA、DPA 含量非常丰富。但孕妈妈必须慎吃，鳕鱼有一定的活血功效且含汞量比较高，不但威胁胎儿稳定，还可能影响胎儿大脑发育。

月子里 少吃

月子里可以食用，能高效补充各种营养。另外，鳕鱼有活血止痛的作用，可帮助新妈妈快速排出恶露，也能帮助缓解各种产后疼痛。不做母乳喂养的新妈妈可以少吃点。

哺乳期 忌吃

哺乳妈妈最好不吃鳕鱼，鳕鱼含汞较多，吃鳕鱼影响母乳质量，影响宝宝健康。

螃蟹

螃蟹味咸、性寒，归心、肝、肾经，有养筋益气、散诸热、通经络、解结散血的功效。

孕期 忌吃

整个孕期都应忌吃螃蟹。螃蟹有活血祛瘀的功效，尤其是螃蟹腿，《滇南本草》记载螃蟹腿有破血、催生的功效。孕早期食用螃蟹会增加出血、流产的风险，孕晚期食用会增加早产的风险。有习惯性流产、先兆流产和早产征兆的孕妈妈更应忌吃。

月子里 忌吃

月子里的新妈妈身体虚弱，应多吃一些滋补、温和的食物来恢复元气，螃蟹性寒，对恢复元气和子宫恢复都不利。

哺乳期 慎吃

哺乳期应慎吃螃蟹，螃蟹是海鲜，海鲜类食材中的易致敏物质会通过乳汁被宝宝吸收，增加过敏的发生率。如果宝宝患湿疹，妈妈要忌食螃蟹，以免因为过敏而加重宝宝的湿疹。

海参性温，味甘、咸，归心、脾、肺、肾经，具有养阴润燥、补肾益精、养心补血等功效。

孕期宜吃

海参是高级滋补品，《纲目拾遗》记载其“生百脉血”，《本草求原》认为可“润五脏”，孕妈妈也能吃，而且有养胎、助分娩提升体质的作用。《随息居饮食谱》说海参“滋阴，补血，健阳，润燥，调经，养胎，利产”。但海参属于温性食品，食用应适量，过量易上火。

月子里宜吃

《随息居饮食谱》说海参适合“病后衰老弱孱”等人食用，与火腿、羊肉一起炖食，都有不错补益功效。新妈妈、哺乳期妈妈也可以吃海参。不过也有禁忌，《随息居饮食谱》说：“脾弱不运，痰多便滑，客邪未尽者，均不可食。”

哺乳期慎吃

海参也可导致一些人过敏，哺乳妈妈要谨慎食用，以免引起宝宝过敏。

选购与清洗

海参要选没有杂质、干燥、外形完整的，不能有尖刺倒伏、干瘪的，要颜色黑亮的，发白的可能是加工过的。

海参需要先泡发，清水泡软后剪去嘴，剪开腹部，去掉泥沙，冲洗干净就可以了。

怎么吃更营养

避免过度烹调

海参的大部分营养都在皮上，炒、煮、蒸都会损失过大，最好的方法是凉拌，或者把海参切末放入晾温的粥中一起食用。

海参＋羊肉＋羊骨

养血润燥的功效很好。

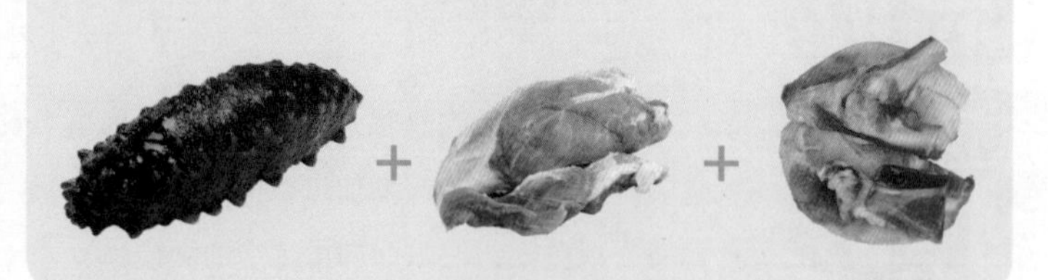

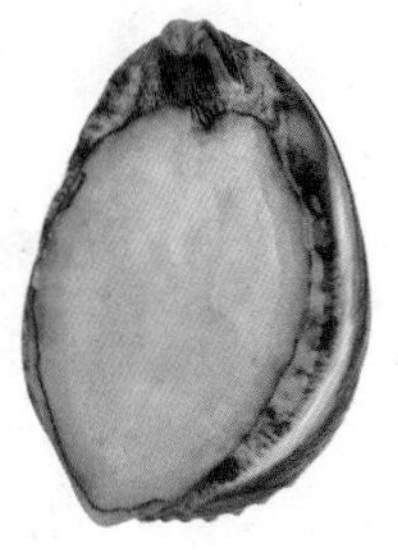

鲍鱼性平，味甘、咸，归肝、大肠经，具有柔肝明目、养血益精、滋阴清热等功效。

孕期 宜吃

鲍鱼营养与药用价值都很高，中医认为其有养血功效，《本草求真》称其可用来治疗“女子血枯经闭”，但不会燥热。孕妈妈食用鲍鱼对身体的补养作用是毋庸置疑的，鲍鱼中的硒含量比一般海鲜都要高，硒有良好的抗辐射功效，能帮助保护胎儿。鲍鱼对水质要求很高，所以几乎无有害物质。

月子里 宜吃

月子里吃鲍鱼可以高效摄入蛋白质、各类维生素、矿物质，对促进身体恢复很有益处，也有利于下奶。用鲍鱼和大米煮粥，或者在蒸蛋羹时放点鲍鱼末，是月子里最好的补养食物。如果恶露不尽，吃鲍鱼还有助于治疗，《证类本草》记载其可治疗“女子崩中血不止”。

哺乳期 慎吃

鲍鱼也可致敏，如果宝宝易过敏或者长了湿疹、有腹泻等过敏情形，吃鲍鱼需谨慎。

选购与清洗

鲍鱼要选外形完整、肉质肥厚的，有裂口、缺损、肉质干扁的品质不好。另外，要选色泽深的，色泽越淡说明死亡时间越久。

鲍鱼相对来说很干净，只是沾着一些海藻和黏液，除去内脏、口器、食胃管，用小刷子就能刷干净了。

怎么吃更营养

适量食用

虽然鲍鱼吃多了也不会上火，但还是不应该多吃，人体吸收营养的能力是有限的，多吃也是浪费。

鲍鱼 + 竹笋

鲍鱼搭配竹笋一起食用，营养特别全面，吸收率也高。

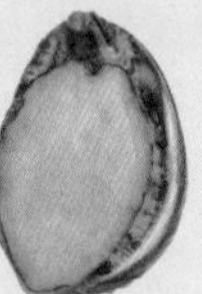

+

虾性温，味甘、咸，归肝、心、肺经，具有养血通乳、补肾壮阳、抗毒等功效。

孕期宜吃

孕期宜吃虾，没有什么不良反应，若对高蛋白过敏，则应慎食。虾含有丰富的钙、镁，经常食用能预防腿抽筋、腰疼等缺钙现象；孕期的心脏负担加大，镁则能起到一定的保护心脏作用。不过，虾也不宜多吃，性温，吃多了容易积热、上火。

月子里宜吃

月子里宜吃虾。虾的肉质松软，易咀嚼、易消化，很适合新妈妈的体质。丰富的蛋白质可促进身体快速恢复、伤口迅速愈合。如果乳汁不足，吃虾还可增加泌乳量，《全国中草药汇编》记载虾可“治妇女产后乳汁缺少”。但也有一部分新妈妈吃虾后，孩子有过敏现象，所以，食用虾也要适量，并注意观察孩子有无过敏反应。

哺乳期慎吃

虾是高致敏食物，宝宝容易过敏，哺乳妈妈吃虾应谨慎。如果宝宝本身已经长湿疹、腹泻了，更不能吃虾。

选购与清洗

应购买活虾，肉结实、球凸出、壳和肉略微分离的可以买，如果分离严重，头尾脱落、虾肉松散就不能买了。清洗虾最重要的是把背上的虾线抽掉，然后搓洗，将表面脏污、黏液冲洗干净就可以了。

怎么吃更营养

不能吃虾酱

虾酱虽然也有虾的鲜味，但一般都是用劣质虾加工制作的，卫生和安全都难以保证，孕妈妈不要吃。

白水煮虾

白水煮虾，虾的营养保留最完整，也不会增加别的有害物质，对孕妈妈最合适。

韭香核桃虾

材料：核桃仁 60 克，虾仁 150 克，韭菜 100 克，葱花、姜丝各 5 克，盐 4 克，淀粉少许。

做法：1. 核桃仁用油炒香；虾仁洗净，去虾线，加盐、淀粉抓匀入味备用；韭菜择洗干净，切段。

2. 锅置火上，倒油烧至七成热，放入葱花、姜丝炒香，接着放入虾仁炒至八成熟，放入韭菜段、盐炒匀装盘。

3. 将炒香的核桃仁放入即可。

功效：具有润肠、益脾滋阳的作用。

蛤蜊性寒，味咸，归胃经，具有开胃消渴、利尿消肿、滋阴润燥、软坚散结等功效。

孕期宜吃

蛤蜊是高蛋白质、高铁、高钙、低脂肪的健康食品，孕妈妈能食用。如果患有妊娠糖尿病或者痔疮，吃蛤蜊更适合，有治疗糖尿病和痔疮的功效。吃蛤蜊还有降低胆固醇的效果，能预防妊娠高血压。另外，蛤蜊有除烦功效，适合心烦气躁时食用。不过，蛤蜊性寒，脾胃虚寒、腹泻便稀、胃寒胃痛或受凉感冒时，都不能吃，会加重病情。

月子里少吃

蛤蜊性寒，月子里新妈妈脾胃虚寒，不能吃蛤蜊。如果体内有瘀血、血块，可以吃蛤蜊化解，《本草经疏》记载其“咸能入血软坚，故主妇人血块”，但必须经过中医诊断方可食用，以免影响体质。

哺乳期慎吃

蛤蜊也属海产，有较高致敏性，哺乳妈妈吃蛤蜊一定要谨慎。宝宝患有湿疹、腹泻等疾病时不能吃蛤蜊。

选购与清洗

蛤蜊要选活的，会喷水的、身体伸出来一碰就缩回去的都是活的；壳闭合比较紧的活的可能性大；拿起两个对敲一下，声音清脆的是活的。蛤蜊买回家养一两天，吐尽泥沙，用刷子刷干净表面，冲洗干净即可。

怎么吃更营养

熟透食用

蛤蜊必须煮熟才能食用，不然可能感染寄生虫或者患上肝炎。

炖汤

蛤蜊炖汤最鲜美，不要放味精，盐也不能放太多，否则影响鲜味。

蛤蜊 + 豆腐

既补充蛋白质、补钙，还能祛热寒，减少生病。

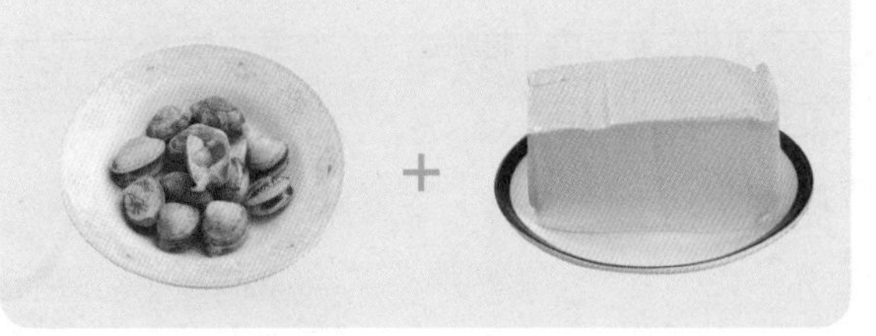

干贝性温，味甘、咸，归肾、脾经，具有滋阴补肾、调中下气、开胃、利五脏等功效。

孕期 宜吃

干贝的主要来源是扇贝，其蛋白质含量比牛羊肉、鱼虾都高得多，矿物质含量比鱼翅、燕窝还要高。孕妈妈食用干贝可有效补充营养，不过不宜多吃，此物不容易消化，吃多了会引起积食。一般来说，点缀在其他菜品中调味最好，可增加菜品鲜味、提升食欲。

月子里 宜吃

干贝属温性食物，《中华本草》记载干贝还有“养血、补肾”的作用，不会影响产后恢复，而其丰富的营养及“养血功能”，则有利于新妈妈产后恢复、伤口愈合。月子里如果有咽干口渴、头晕目眩等虚弱状态，吃点干贝还能起到改善的作用。

哺乳期 慎吃

干贝会引起某些人过敏，哺乳妈妈应慎吃，有的哺乳妈妈吃了没有不良反应，但是会引起宝宝腹泻、长湿疹等。

选购与清洗

干贝要选形状完整的，不能有裂缝，颜色应是鲜黄并有白霜的，发黑或者发白的都不能买。大小如小孩指头的最好，太小的不要。

干贝比较干净，泡发后冲洗一下就可以了。

怎么吃更营养

干贝粥最好

煮粥时放点干贝，可提味、有营养、好消化，最适合孕妈妈和新妈妈，特别适合新妈妈食用。

干贝 + 冬瓜

干贝搭配冬瓜煮汤，味道鲜美，有很好的利水消肿作用，适合孕期和月子早期食用。

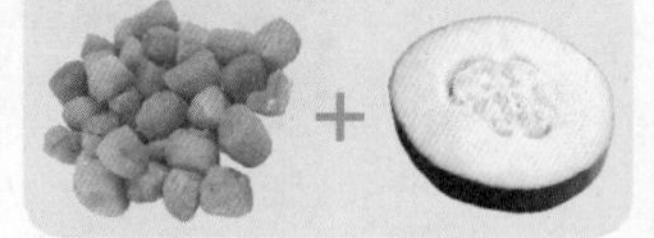

干贝 + 鸡蛋

炖鸡蛋羹的时候放点干贝，营养更全面。

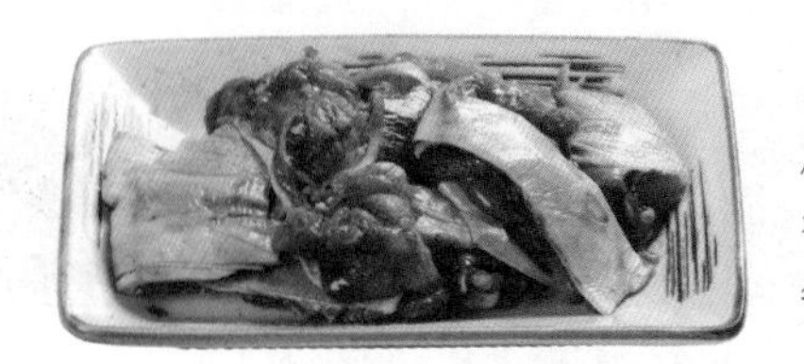

甲鱼性平，味甘，归肝经，具有滋阴凉血、补肾健骨、祛瘀散结等功效。

孕期忌吃

甲鱼有较强的通血络、散瘀结的作用，孕妈妈食用可能引起流产。《日华子本草》记载甲鱼壳“去血气，破感结、恶血，堕胎”，如果甲鱼壳和甲鱼肉一起烹调，堕胎功效更强。

月子里忌吃

《随息居饮食谱》记载“中虚寒湿内盛”的人应该忌吃甲鱼，新妈妈属于体虚、体寒的状态，《本草经疏》也认为产后泄泻、产后饮食不消都应忌食甲鱼。

哺乳期宜吃

哺乳期宜吃甲鱼，能养阴清热、补阴补气、平肝息火，让哺乳妈妈体质更平和。另外，甲鱼还具有软坚散结的功效，对乳房保健有一定的效果，预防出现结节。

石花菜性寒、滑，味甘、咸，归肝、肺二经，具有祛湿热、清痰、通便等功效。

孕期少吃

石花菜会吸水涨大，可宽肠通便，但多食反而导致便秘。《随息居饮食谱》记载石花菜“久食愈痔”,《食物本草》则认为“孕妇不宜多食”。孕妈妈患便秘或痔疮后可适当食用石花菜，但是不能多食、久食。

月子里忌吃

石花菜性寒，《本草纲目》甚至说它“大寒”，而且会“发下焦之虚寒”，产后新妈妈本来下焦就偏虚寒，所以吃石花菜很不利于产后恢复。

哺乳期宜吃

石花菜不仅含有维生素B、胡萝卜素等维生素以及碘、铁等矿物质，还含有多种藻蛋白及多糖类物质，哺乳妈妈食用可提高免疫力、防治高血压。另外，石花菜的细胞结构特殊，营养吸收率很高，可促进泌乳。

海带

海带性寒，味咸，归肝、肾、胃、肺经，具有补肝健胃脾、补益气血、益智安神、补肾美容等功效。

孕期宜吃

海带含碘丰富，碘不仅有预防甲状腺肿大的功能，大脑、神经功能的维持和发育也离不开碘，孕妈妈吃海带有助胎儿大脑发育。另外，《玉楸药解》记载海带“清热软坚，化痰利水”，孕期水肿严重，或者上火、痰多、患甲状腺肿时，都可适量吃海带。但也不宜多吃，过量摄入碘，可能会引起胎儿将来甲状腺功能异常。

月子里 哺乳期 少吃

海带性寒，而且不容易嚼碎，所以不太适合月子里食用。如果产后有便秘、抑郁等症状，可以在炖鸡汤、鱼汤、排骨汤的时候加一些，少量吃一些能缓解症状。哺乳妈妈也可少量吃些海带，有助于补铁、补钙，还能提高免疫力。但不宜多吃，海带中的碘含量比较高，可能会影响宝宝的甲状腺功能。

选购与清洗

海带要选表面有白色粉末的，这是甘露醇。另外，叶片要宽厚，颜色浓绿或者紫中带黄，枯叶要少或没有。海带泡发可用淘米水，泡发后冲洗干净杂质、泥沙即可。

怎么吃更营养

煮时加苏打

煮海带时在水里加少量小苏打，海带更容易煮得绵软，容易咀嚼且容易消化。

海带 + 豆腐

补钙、补碘、补蛋白质等，营养更全面。

海带 + 芝麻

有利于血液循环，还能净化血液。

海带 + 菠菜

有预防结石的作用。

紫菜性寒，味甘、咸，归肺、脾、膀胱经，具有清热利尿、化痰软结的功效。

孕期 宜吃

《随息居饮食谱》记载紫菜可“和血养心，清烦涤热，治不寐，利咽喉”，孕妈妈适量食用是没有问题的，并有诸多益处，但不宜多吃，《本草拾遗》记载“多食令人腹痛，发气，吐白沫”，《食疗本草》也强调：“下热气，若热气塞咽者，汁饮之。”脾胃虚寒者忌吃。

月子里 慎吃

紫菜性寒，不适合脾胃虚寒、身体虚弱的人食用的，所以月子里不适合食用。如果食用，量一定不能大，最好搭配些肉、蛋来中和其寒凉性，如在鸡蛋汤里加一点紫菜是可以食用的。

哺乳期 宜吃

紫菜虽然含碘量较高，但一般都是做汤加点，不会大量食用，所以不必担心碘摄入过量，哺乳期可以放心吃。

选购与清洗

紫菜要选择薄而均匀、有光泽的，颜色是紫褐色或者紫红色的，不要选红色或者夹有绿色的。如果是烤制紫菜则可以是绿色的。紫菜泡一泡就可食用。泡紫菜的水如果变色了，紫菜不能吃。

紫菜 + 甘蓝

清热、化痰的功效能更好发挥。

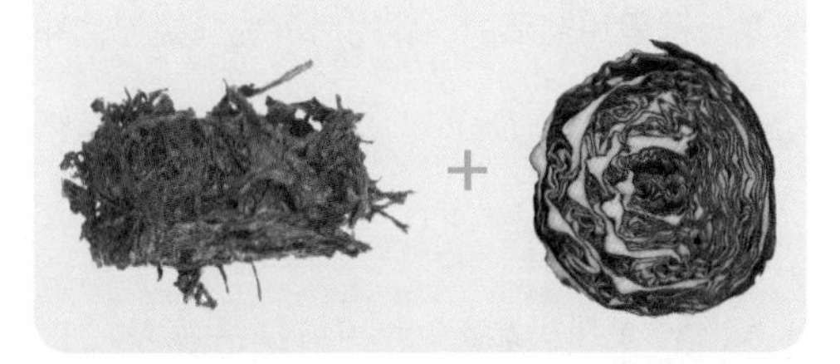

怎么吃更营养

紫菜 + 鸡蛋

做汤或者炒都可以，能高效补充维生素 B_{12} 和钙质。

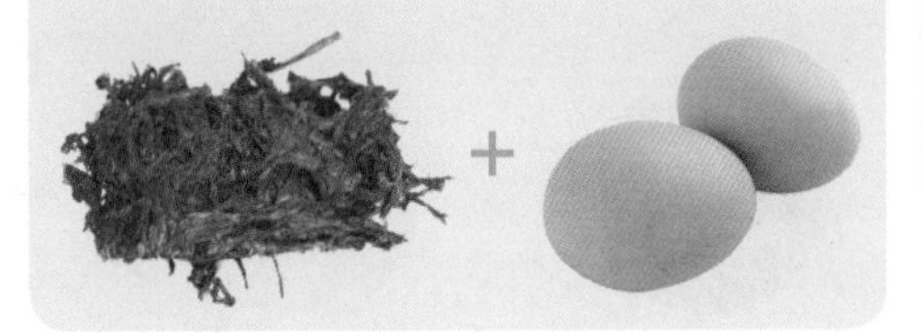

紫菜 + 虾皮

补碘又补钙。

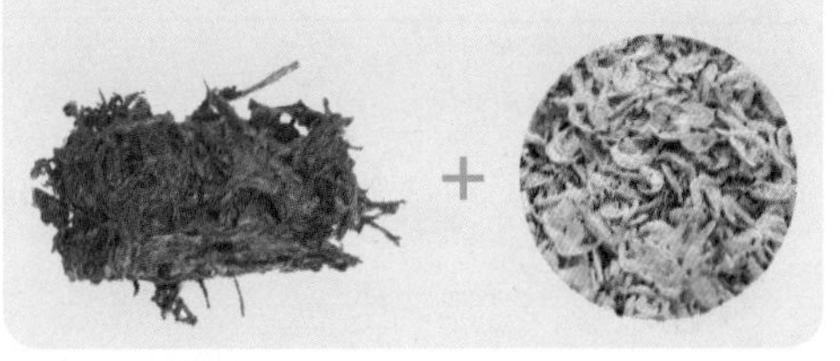

裙带菜

裙带菜性寒，味咸，归肝、肾、胃经，具有生津清热、软坚散结、通便、消痰等功效。

孕期 宜吃

裙带菜富含钙、铁、锌，比高钙的牛奶、高锌的牛肉、高铁的胡萝卜的含量都多，含碘比海带多，蛋白质含量也很高，孕妈妈食用裙带菜对胎儿大脑、骨骼发育都有益处。而且，裙带菜的热量低，其纤维素还能吸附胆固醇、清理肠道并保护皮肤，最适合爱美的孕妈妈。

月子里 忌吃

裙带菜性寒，不适合月子里食用。另外，裙带菜的韧性比较大，不容易咀嚼，容易伤到新妈妈牙齿，月子里尽量不吃。脾胃虚寒的新妈妈更不能吃。

哺乳期 少吃

裙带菜可帮哺乳妈妈清理肠道、减肥等，可以吃，但要少吃，以免寒凉影响宝宝。

选购与清洗

裙带菜要选比较干爽、颜色碧绿的，有黄叶或者颜色发红的不好，另外要有清香味。裙带菜一般是用盐渍的，食用时清洗几遍把盐冲掉就可以了。

怎么吃更营养

裙带菜 + 土豆、蘑菇

适合糖尿病患者食用，能提高免疫力。

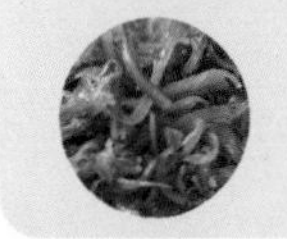 +  

裙带菜 + 海鱼、贝类

降血压、降血脂功效增强。

 +  

裙带菜 + 豆腐

补钙、补碘效果都增加，同时能摄入丰富蛋白质。

 + 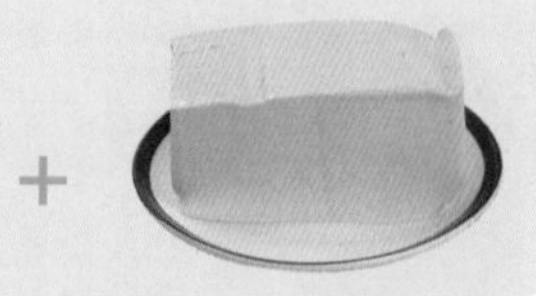

专题 防治孕期便秘

怀孕后，孕早期和孕晚期都容易发生便秘。孕早期是因为激素的突然改变引起的，激素的改变会影响肠道的蠕动。孕晚期时，增大的子宫不断挤压周边器官，肠道受到影响，肠腔变窄，蠕动变慢。

便秘是孕妈妈的常见问题，便秘严重时，用力排便会导致腹压上升，进而影响胎儿安全。另外，长期便秘还会引发痔疮。所以，从怀孕初期就应注意预防便秘。

1 预防便秘最重要的是饮食结构要合理，蔬菜不能少，特别是那些有通便作用的蔬菜如芋头、土豆、山药、红薯等，要经常吃一些。这些食物可促进肠胃蠕动，避免食物残渣在体内停留太长时间而失水，进而引起便秘。这是预防便秘最重要的一点。

2 粗粮也要吃。单纯进食精粮细粮，食物残渣少、纤维素少，肠胃蠕动也会变慢，导致便秘。也需要进食玉米、燕麦、高粱、各种豆类（包括绿豆、红豆）等。不过，粗粮不能吃太多，粗粮太多，营养密度会降低，影响营养摄入，中国卫生营养学会建议每人每天吃粗粮不超过50克。

3 大部分水果都有通便作用，香蕉通便效果更好，建议如果没有糖尿病要经常食用。

4 要多喝水，多喝水不但促进肠胃蠕动，还能避免食物残渣太过干燥而排出困难。水里加蜂蜜能起到润肠作用，能更有效通便。每天早上起床喝一杯温开水或者蜂蜜水，效果最好。

5 远离会导致便秘的食物。麻辣食品、油炸食品、甜品都可引起便秘，肉类食品吃多了也一样，这些食物不管多喜爱，都要少吃。

海蜇皮性平，味咸，归肝、肾经，具有清热消积、祛痰化滞、润肠通便等功效。

孕期宜吃

海蜇皮可去沉积、清肠胃，居住地空气不好时，孕妈妈吃海蜇皮特别好。另外，《医林纂要》记载海蜇皮有补心益肺、滋阴化痰、止嗽除烦等功效，《本草求原》则称其有安胎功效。若孕期内热较盛，吃点滋阴的食物能化解一定的热气，避免上火。如果已经咳嗽了，吃海蜇皮还有止咳功效。胃口不好时，吃点海蜇皮则有消食化积的功效。

月子里 哺乳期 宜吃

《本草拾遗》记载海蜇皮 “主生气及妇人劳损，积血”，新妈妈一般都有点气虚、劳损，体内也有积血，是适合吃海蜇皮的，有利于身体恢复。海蜇皮所含大量胶质也有利于恢复新妈妈的皮肤弹性。但脾胃虚寒者就不能吃了。如果新妈妈患有哮喘、脚气等，食用海蜇皮有食疗作用。身体健康的哺乳妈妈也可以吃。

选购与清洗

好的海蜇皮的颜色较淡，白色、乳白色或者淡黄色都可以，表面润而有光泽，如果颜色发灰、发暗还有明显红点就不能买。另外，要买形状完整、厚薄均匀并且松脆有韧性的。清洗海蜇皮，用 50% 盐水泡洗二三次就干净了，热水快速汆汤后就可以凉拌了。

怎么吃更营养

不能吃鲜品

新鲜海蜇皮有毒，必须用盐、明矾腌制才能食用，一般都是吃干品。

凉拌食用

海蜇皮经过高温烹煮后韧性大增，甚至咬不动，最适合的吃法是凉拌，凉拌时焯水要迅速。

海蜇皮 + 木耳

海蜇皮搭配木耳食用，可润肠、美白、嫩肤，还能降压，很适合月子里的新妈妈食用。

+

海蜇皮凉拌木耳

材料： 海蜇皮 200 克，木耳 50 克，醋、酱油、白糖、蒜泥、芝麻油各适量。

做法： 1. 将海蜇皮彻底洗净切丝，放入热水中焯烫一下，沥干水分。

2. 将木耳泡发后焯水，与海蜇皮混合拌匀。

3. 放入白糖、酱油、醋、蒜泥、芝麻油拌匀即可。

功效： 美容养颜、润肠降压、消除疲劳。

鱼肚性平，味甘，归肾、肝经，具有补精益血、滋养经脉、散瘀消肿等功效。

孕期宜吃

鱼肚作为一种高等滋补品，怀孕后也能吃，从刚怀孕起就可以吃，可以起到很好的补益作用，《本草新编》称其能“补精益血”。临产前多吃几次还能促进产程顺利。并且，鱼肚中的胶质丰富，不仅可以润泽孕妈妈的皮肤，减少妊娠纹，还能让胎儿的皮肤又白又健康。不过，《随息居饮食谱》记载：“鲍鱼鳔，外感未清，痰饮内盛者勿食，以其腻滞也。”所以体内有湿气、痰多、食欲不振者不能食用。

月子里 哺乳期 宜吃

鱼肚最适合体质虚弱、精神过劳的人食用，产后新妈妈分娩时体能消耗过大，哺乳妈妈因照顾宝宝导致精神消耗和体能消耗都比较大，就非常适合食用鱼肚。

选购与清洗

应选张大体厚、色泽明亮的鱼肚，如果比较小、比较薄并且颜色灰暗或者发黑，则不买。

如果是新鲜鱼肚，用盐和醋抓洗，洗去脏污和黏液就可以了。如果是干品则需要用油发制，油加热但不能太热，把鱼肚放进去待其膨胀，之后将膨胀的鱼肚放入水中泡软就行了。

怎么吃更营养

鱼肚 + 红枣、枸杞子

养颜美容还能提高睡眠质量。

鱼肚 + 牛奶

可以提高免疫力。

鱼肚 + 莲子、百合

能美白、清火并缓解失眠。

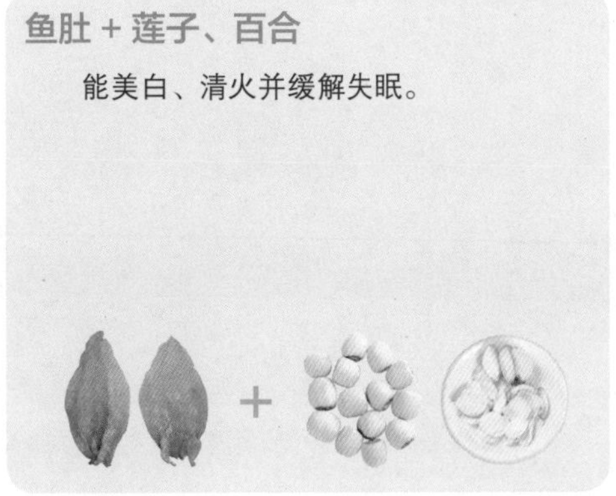

五谷杂粮

大米性平，味甘，归脾、胃经，具有补中益气、健脾养胃、强阴壮骨等功效。

孕期宜吃

《滇南本草》记载大米“治诸虚百损”，是多种营养物质的主要来源。大米不同的烹调方法还有不同的功效。《本草纲目》记载：“粳米粥可利小便，止烦渴，养肠胃。炒米汤可益胃除湿。”不过，炒米不要随便食用，《随息居饮食谱》认为“炒米虽香，性燥助火，非中寒便泻者忌之”，直接煮粥、煮饭最适合。

月子里 哺乳期 宜吃

月子里正是《滇南本草》所说的“诸虚百损”之时，应该吃大米“强阴壮骨，生津，明目，长智”。《日华子本草》也说大米“壮筋骨，补肠胃”，月子里脾胃弱、消化不良，吃大米既能增加营养、摄入热量，也不会增加消化负担。哺乳期也可吃，无不良影响。

选购和清洗

应选新米，新米硬、水分低，挑选时，将米放进嘴里咬一下，能感觉出米粒的硬度，并有清香味。不能选带横裂纹、沟的，或米粒发黄的，有霉味的。

淘米要用凉水，不能大力揉搓，一般放水搅一搅，两遍就可以了。

怎么吃更营养

现煮现吃

煮好的粥、饭，放二三小时后清香味就消失了，有些营养也流失了，最好是吃多少煮多少，不要吃剩饭。

饭菜比例为 2:1

多吃菜少吃饭，大米的补益作用就差了，饭和菜的比例应该是 2:1。

大米 + 豆类、芋头、红薯、红枣

大米煮饭、煮粥时放点其他耐熬煮的食材，营养会加倍。

小米性凉，味甘、咸，归脾、肾、胃经，具有益气补血、健脾暖胃、滋阴养肾等功效。

孕期宜吃

小米的养生功效很强，《滇南本草》记载其“主滋阴，养肾气，健脾胃，暖中”。另外，吃小米可“治反胃”，妊娠呕吐时，吃不下饭的孕妈妈可以喝些小米粥，既补营养又能抑制呕吐。小米还有安眠的功效，孕期睡眠差，晚餐可喝小米粥，孕妈妈可以天天吃。

月子里哺乳期宜吃

小米虽然性凉，却不伤人，所以病人、产妇、哺乳期都适合食用，《随息居饮食谱》记载：“病人食之为宜。”《本草纲目》说小米“煮粥食益丹田，补虚损，开肠胃”，对身体虚损的新妈妈有补益作用。月子里喝小米粥一般都会搭配红糖，红糖性温，也可中和小米的寒气。

选购和清洗

好的小米有光泽，碎渣少，碎米少，干净无尘，有清香味，如果手捻容易碎或者闻起来有霉味就是陈米，不适合买。通常，小米都比较干净，加工过程也不接触尘土，只要漂洗一遍就可以了。

怎么吃更营养

小米＋豆类、大米、鸡蛋

小米加黄豆打成豆浆或者和大米一同煮粥，营养互补，营养构成更加全面。搭配豆类和鸡蛋食用，蛋白质吸收率也有所提高。

干贝小米粥

材料：干贝 30 克，小米 100 克，鸡脯肉 40 克，葱花、盐各适量。

做法：1. 先将干贝泡软，用手撕成细丝；把鸡脯肉用沸水汆烫，撕成细丝。

2. 锅里放清水，小米下入煮熟后加入干贝丝、鸡肉丝及盐，再煮 5 分钟，最后撒上葱花即成。

功效：助消化、养血补虚。

玉米性平，味甘、淡，归脾、胃经，具有调中开胃、益肺宁心、清热利胆等功效。

孕期宜吃

孕期吃玉米，对胎儿有一定的好处。玉米中含有丰富的蛋白质、钙、磷、铁等多种维生素，其胚芽含有丰富的不饱和脂肪酸，是普通精米、精面的 4~5 倍，为胎儿的发育提供各种营养，并可补充孕妈妈由于经常食用米饭、精面等所造成的营养缺失。玉米中还含有纤维素，能够缓解孕期便秘。

月子里 哺乳期 宜吃

玉米性平，月子里、哺乳期都能吃。不过月子里不建议直接啃玉米棒，容易损伤牙齿，也不好消化。应该买玉米糁做粥，可以和大米、小米一起煮粥。煮大米饭时也可加点玉米糁。

选购和清洗

玉米棒要选七八成熟的，太嫩的水分多，太老的蛋白质少，一般用手掐后，冒出颜色发白的浆水就是成熟度刚好的。

玉米棒有外皮包裹，玉米粒加工也基本不接触尘土，都比较干净，不需要过度清洗，一般水冲一下即可。

怎么吃更营养

胚尖要一起吃

啃玉米棒的时候，玉米粒最尖端的部分有可能会留在玉米轴上，要啃掉，这是玉米营养最集中的地方。

玉米 + 鸡蛋

可减少鸡蛋中胆固醇的吸收。

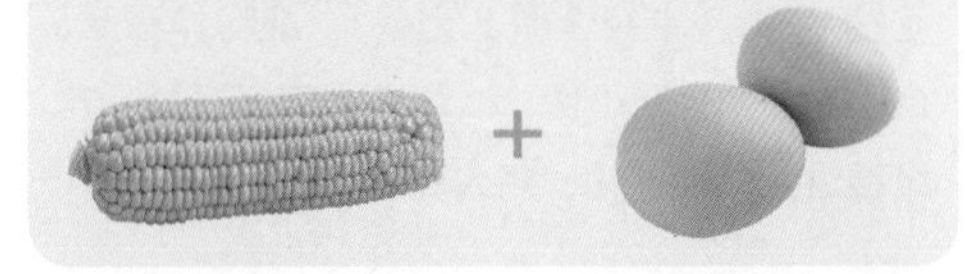

玉米 + 鸽肉

有防治神经衰弱的功效，适合炖汤。

玉米 + 小麦

煮粥或磨面做发糕，蛋白质吸收率可提升。

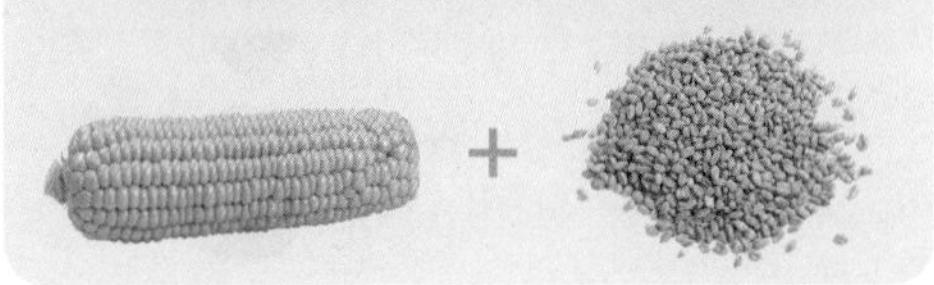

糯米

糯米性温，味甘，归脾、肺、胃经，具有补中益气、健脾止泻、解毒止汗等功效。

孕期 少吃

《本草纲目》说糯米“脾肺虚寒者宜之。若素有痰热风病，及脾病不能转输，食之最能发病成积”。一般来说，大多数孕妈妈的体质偏热，虚寒的少，所以大多数孕妈妈不适合吃糯米。另外，《别录》记载糯米“温中，令人多热，大便坚”，吃多了会引起或者加重便秘，所以孕妈妈不宜多吃。

月子里 哺乳期 宜吃

月子里和孕期正好相反，大多数新妈妈的体质偏虚寒，可以吃糯米，起到暖脾胃的作用。如果因为脾胃虚寒而腹泻，还可炒食糯米，能起到止泻作用。哺乳妈妈也可以吃，只是如果本身比较容易上火，吃糯米应该有节制。

选购和清洗

糯米要选择颗粒大且饱满的，不能有太多碎粒和杂质，闻起来要有清香味，颜色要白皙，不能发黄、发暗。糯米用水淘两遍就可以，淘的时候不要用力揉搓，搅一搅就行。

怎么吃更营养

宜稀不宜稠

食用糯米最好吃糯米粥、糯米糊，不能吃糯米饼，《本经逢原》记载：“磨粉作稀糜，庶不黏滞，且利小便，以滋肺而气下行矣。若做糕饼，性难运化，病人莫食。”

糯米 + 百合

可以补气血、消除疲劳。

糯米 + 蜂蜜

能起到养颜美容、补血养身的功效。

糯米 + 红小豆

可以改善因为脾虚引起的腹泻。

黑米性冷，味甘，归脾、胃经，具有开胃益中、健脾养血、滋阴润肠、清肝明目等功效。

孕期宜吃

《本草纲目》记载黑米能“解烦热，调肠胃”，可以单独用黑米煮粥，也可搭配大米、小米一起煮粥，孕期心烦意乱、肠胃不舒服时都可以吃，有一定的调理功效。另外，黑米含铁丰富，补血效果不错，能让孕妈妈气色好，让胎儿顺利发育。

月子里 哺乳期 少吃

黑米性冷，不适合月子里食用。而且，黑米属于粗加工的谷类，不容易消化，而月子里新妈妈的脾胃虚弱、消化能力弱，吃黑米容易消化不良。月子里还是以大米和小米为主，如果想吃黑米，可以在大米、小米里少加一点。哺乳妈妈食用黑米也要参照月子里的做法。

选购和清洗

要预防买到假黑米，掰开一颗，如果里外一致都是黑色的就是假的。外黑里白的是真的。味道清香就是好的，有异味不能买。另外，抓一把黑米，握一会儿，松开后发蔫的不能买。

淘洗黑米时会掉色，要冷水洗，动作要轻。颜色掉了，营养素也会减少。

怎么吃更营养

煮粥要先泡

黑米外壳坚硬，含有许多营养素，建议浸泡之后再熬煮，不仅容易煮软烂，也更有利于营养释出。

黑米 + 松子

可润肠。

黑米 + 红枣

补血作用加倍。

黑米 + 大米

可开胃补中。

高粱米

高粱米性温，味甘、涩，归脾、胃经，具有健脾止泻、化痰消食、安神助眠等功效。

孕期宜吃

高粱米作为粗粮，营养价值不是很高，但食疗效果不错，孕妈妈可以食用。特别是出现腹泻、积食、消化不良、痰湿咳嗽、失眠多梦时都可以吃高粱米，可有效缓解不适。如果有慢性腹泻，经常食用高粱米粥有食疗作用。但如果大便燥结就不适合吃高粱米了。

月子里 哺乳期 少吃

高粱米性温，月子里不忌讳，哺乳期也可以食用，不过毕竟营养价值不高，其中虽然也含有一定量蛋白质，但是吸收率很低，对需要大量补充营养的新妈妈和哺乳妈妈来说，吃高粱米不是个好选择。最好和大米、小米等其他谷物中和一起蒸饭或煮粥，还不能吃太多，以免侵占其他主食的地位，造成营养不良。

选购和清洗

高粱米要选颗粒大小均匀、整齐，富有光泽的，颜色不能发暗，碎米要少，不能有沙粒、虫子，要干燥。高粱米比较干净，一般用清水冲淘两遍即可。

怎么吃更营养

适量食用

高粱米是粗粮，《中国营养学会》建议日食粗粮总量不应超过 50 克，吃高粱米也要适量。

高粱米 + 甘蔗

可缓解痰热咳嗽、口干舌燥等不适。

不单独食用

高粱米的营养价值偏低，单独食用会减少其他主食的摄入，建议无论煮粥还是煮饭都要搭配大米。搭配大米口感也会好一点。

薏米性微寒，味甘、淡，归脾、肺、胃经，具有健脾利水、利湿除脓、清热止泻等功效。

孕期忌吃

《本草经疏》记载薏米“妊娠禁用”，《中药大辞典》则说“脾约便难及妊妇慎服”，食用薏米会引起子宫意外收缩，食用过量可引起流产，孕期应忌吃。

月子里忌吃

薏米性微寒，不适合身体虚寒的新妈妈食用。另外，薏米的功效及辨证比较复杂，最适合体有湿气的人，不适合新妈妈在月子里自行食用，以免影响体质，最好等满月体质恢复后再食用。满月后食用薏米，有收缩子宫的作用，对子宫恢复有好处。

哺乳期少吃

哺乳妈妈能食用薏米，但如果宝宝容易腹泻，最好不食用薏米。一般来说，大便黏腻的时候，体有湿气，这时候可吃薏米，但也不宜大量食用。

荞麦

荞麦性凉，味甘，归肠、胃、脾、肺经，具有宽肠开胃、下气消积、去热消肿等功效。

孕期少吃

荞麦的营养价值不是很高，反而容易带来一些副作用，孕妈妈不宜多吃，《千金•食治》记载：“荞麦食之难消，动大热风。”《本草图经》记载：“荞麦不宜多食，亦能动风气，令人昏眩。”

月子里忌吃

荞麦性凉，还不容易消化，很不适合月子里食用。尤其是月子里新妈妈脾胃虚寒，吃荞麦更不适合，《本草纲目》记载：“若脾胃虚寒人食之，则大脱元气而落须眉，非所宜矣。”

哺乳期少吃

哺乳期偶尔吃点荞麦没有关系，如果有慢性腹泻，吃点还有缓解作用。吃的时候搭配萝卜比较好，《随息居饮食谱》记载荞麦“与芦菔同食良。以性有微毒而发痼疾，芦菔能制之也”。

大麦性凉，味甘、咸，归脾、胃经，具有宽肠和胃、利水消渴、益气调中等功效。

孕期宜吃

麦芽是大麦发的芽，怀孕后、产后、哺乳期都不能吃麦芽，有回乳作用，还有堕胎之嫌，但是大麦是安全的，孕妈妈可以吃。可以用大麦粗粉煮粥，也可以用细粉做糕饼面食，《唐本草》记载：“大麦面平胃，止渴，消食，疗胀。”还可以用炒熟的大麦泡茶喝。大麦茶的气味焦香，有很好的开胃、助消化作用，饭后喝一杯，效果很好，不能空腹喝。

月子里少吃

大麦性凉，不适合月子里食用。如果有便秘、糖尿病、高血压等，可以在米饭里加些大麦煮粥或者煮饭食用，量不大，对体质影响较小，还有通便作用，也不会增加糖尿病、高血压新妈妈的身体负担。

哺乳期慎吃

具有回乳功能的是麦芽，不是大麦，严格来说，没发芽的大麦还有增加乳汁分泌的功能。不过，哺乳妈妈自己很难把握大麦是否发芽了，还是慎吃为好。

选购和清洗

大麦要选择颗粒饱满的，不能有碎粒、虫蛀。另外，优质大麦闻起来有坚果香味。大麦泡茶喝，可以先用开水冲一遍，倒掉，第二遍泡的就可以饮用了。如果用完整的大麦煮粥或煮饭用清水冲一遍就可以。

怎么吃更营养

发芽不能吃

食用大麦前要查看是否发芽了，孕期、月子里、哺乳期都不能食用发芽的大麦。

大麦＋红枣

可以增加营养。

大麦＋红糖

可以补气安神，有助于睡眠。

专题 简单食材消除孕期水肿

由于孕期激素的原因，孕妈妈体内容易潴留水分和钠，加上后期膨大的子宫腔压迫到下腔静脉，导致静脉回流不畅，所以下肢容易发生水肿。利水食物可以帮助孕妈妈排出体内过多的水分，缓解水肿。冬瓜、西瓜、芹菜能帮助孕妈妈消除下肢水肿：冬瓜和鲤鱼一起熬汤喝，可减轻孕妈妈的下肢水肿；南瓜能防治妊娠水肿和高血压；芹菜可清热凉血、醒脑利尿，特别是芹菜叶中的营养价值比芹菜茎更高，孕晚期可经常食用。

另外，有利水作用的食物如绿豆、红小豆、鲤鱼、黑鱼、黄瓜、莴笋、海带、竹笋等，水肿时可以经常食用。下面的汤很适合孕晚期出现水肿的孕妈妈。

冬瓜鸡汤

准备适量的冬瓜、鸡胸肉，为了提升味道和营养可以加些香菇、红枣、干贝等，把所有食材洗净，一起放入炖锅，加适量水，大火烧开转小火炖 2 小时，加入盐即可。

赤豆鲤鱼汤

准备 1 条鲤鱼，80 克赤豆，都洗干净，赤豆先用温水泡 4 小时，然后将鲤鱼剖上花刀，入锅煎至双面金黄，加姜片、葱段，倒入清水、赤豆，大火煮开，小火煮至汤浓，加入盐再煮 5 分钟即可。

小麦性寒，小麦粉性温，味甘，归心、脾、肾经，具有养心益肾、除热止咳、和血润燥等功效。

孕期宜吃

小麦粉就是常吃的面粉，孕期可放心吃。一般都是吃小麦粉制成的各种食物，其实小麦粒也可以食用，混合大米、小米、黑米等一起煮粥或煮饭。《本草再新》记载小麦可“养心，益肾，和血，健脾”，《医林纂要》称其“除烦，止血，利小便，润肺燥”，可见，常吃小麦粉不只是摄入能量、营养，还能缓解身体不适。

月子里 哺乳期宜吃

用小麦粉做成的面条、疙瘩汤等半流质食物，在产后当天就能吃，容易消化，且能迅速补充体力，让新妈妈摆脱产后疲劳感。月子里容易患急性乳腺炎，可用小麦粉治疗，《圣惠方》记载“白面半斤，炒令黄色，醋煮为糊，涂于乳上”可治疗乳痈不消。哺乳期也可作为主食食用。

选购和清洗

正常的小麦粉颜色应该是黄中带白，不能是青白、灰白或者雪白的。抓起一把，握一会儿再放开，马上变得松散的，是比较干燥的。

怎么吃更营养

标准粉优于麦芯粉

日常吃的面粉，不要选麦芯粉，麦芯粉加工太过精细，营养损失很多。正常情况下，只要选标准粉就可以，这种面粉的营养保留最全面。

包馅食物

饺子、包子、馅饼这些包馅食物，能一次性摄入多种营养，是吃面食最好的方法。

五香荞麦饼

材料： 荞麦面 100 克，小麦面 50 克，黄豆粉 50 克，食用油、盐、五香粉、酵母各适量。

做法： 1. 把荞麦面、小麦面、黄豆粉、酵母和成面团，醒发半个小时。

2. 把面团擀成饼状，撒上五香粉、盐，涂抹均匀，再在面饼上倒上油，用刷子刷匀。

3. 沿面饼的一边卷成筒状。然后切成大小均匀的段，两头捏紧，用手排成圆饼状。

4. 在平底锅中抹少许油，把面饼放入锅中，煎至两面熟透，即可食用。

功效： 抗衰老、改善血液循环。

燕麦

燕麦性平，味甘，归肝、脾、胃经，具有补益脾胃、润肠、止汗、催产等功效。

孕期忌吃

《唐本草》记载燕麦“主女人产不出。煮汁饮之”，《中华本草》记载燕麦能“止汗、催产”，《证类本草》记载燕麦煮汁可治疗“妊娠胎死腹中”，所以，燕麦有催产作用，孕妈妈不能吃。

月子里 哺乳期 宜吃

燕麦含有人体必需的 8 种氨基酸，月子里吃燕麦有助于伤口愈合、身体恢复。而且，燕麦热量不高，脂肪都是不饱和脂肪酸，新妈妈食用不用担心会发胖，还能降低体内胆固醇，预防高血压、高血脂等疾病。哺乳期食用既能帮助哺乳妈妈保持身材，还能保证奶质、奶量。

选购和清洗

市场上的大部分燕麦片会有其他添加物，麦片中所含燕麦的量极少，在选购时要注意看配料表，宜选择纯燕麦配方的产品。另外，蛋白质和脂肪含量越高的越好。如果买燕麦粒，要选择颗粒饱满、无异味的。

怎么吃更营养

燕麦片不要过度调味

燕麦片包装上都有食用方法，尽量按照食用方法食用，不要过度调味，加白糖、加牛奶等，否则燕麦调理消化、控制血脂、降低胆固醇等的功效会被消减。

燕麦 + 绿豆

可控制血糖含量。

燕麦 + 香蕉

能提高血清素含量并改善睡眠。

燕麦 + 河虾、小龙虾、皮皮虾

有护心解毒的功效。

芝麻性平，味甘，归脾、肺、肝、肾经，具有润燥滑肠、滋养肝肾、补血通乳等功效。

孕期宜吃

芝麻也叫胡麻,《神农本草经》记载胡麻能“补五内,益气力,长肌肉,填精益髓”，孕期可适当食用，能清除肠道内宿便，从而滋润皮肤，减少妊娠纹、妊娠斑。另外，芝麻含有蛋黄素、胆碱、肌糖等，能令人不发胖，多吃也没关系。不过，如果本来就容易腹泻、便溏，还是少吃为宜。

月子里 哺乳期宜吃

月子里头几天，肠道功能弱，容易出现便秘，特别是剖宫产后，可能好几天都不排便或排便困难，在头几天就可以少量食用芝麻，预防便秘。另外，有些新妈妈以及哺乳妈妈因为分娩耗损，血气亏虚导致头发变差、腰膝酸软，吃点黑芝麻也有改善作用。

选购和清洗

买芝麻油要选颜色棕红或者深褐色的，不选褐色或者黑褐色的。选芝麻粉尽量看清配方，黑芝麻含量越高越好。芝麻则要选大而饱满、杂质少的，不能有霉味，嚼起来要有甜味的。如果买黑芝麻，应选外皮黑、内里白的。

怎么吃更营养

黑芝麻直接食用或研磨成芝麻酱

直接食用以黑芝麻为好。芝麻还可加工成芝麻酱，芝麻酱含钙高，适合孕产期女性食用。

芝麻 + 桑葚

降血脂效果很好。

芝麻 + 柠檬

可预防贫血。

嚼碎

芝麻外皮坚固、难以消化，食用时没有嚼碎，营养很难被吸收。因此食用芝麻应该嚼碎或者直接打成粉食用。

芝麻 + 冰糖

有润肺生津的作用。

花生性平，味甘，归脾、肺经，具有补中益气、补脾益肺、滋燥润火等功效。

孕期宜吃

《纲目拾遗》记载花生“多食治反胃”，妊娠呕吐时可吃花生，有抑制作用。另外，花生不同的加工方法，还有不同的功效。《药性考》记载花生“生研用下痰，炒熟用开胃醒脾，滑肠，干咳者宜餐，滋燥润火”，如果有痰就生吃，干咳就炒熟吃。另外，对孕妈妈来说，吃花生容易产生饱腹感，饭前吃点花生能减少进食量，有助于控制孕期体重。

月子里 哺乳期 宜吃

月子里可以食用。《现代实用中医》记载花生可“治脚气及妇人乳汁缺乏”，花生有增加乳汁的功效，但是应该在月子后半段乳腺管全部畅通了才能食用。另外，肚内积冷、疼痛，吃炒花生可缓解，《滇南本草》记载花生“盐水煮食治肺痨，炒用燥火行血，治一切腹内冷积肚疼”，哺乳期可以经常食用。

选购和清洗

购买花生要选外壳纹路清晰的，花生仁要饱满、完整，颜色鲜艳。如果外壳纹路模糊、颜色暗淡，或者花生仁为黄褐色、黑褐色，尝起来有酸味、辣味、苦味或霉味的，都不能吃。

怎么吃更营养

不要油炸

油炸花生虽然吃起来香，但是营养已被破坏，而且会生成有害物质，孕妈妈和新妈妈都不适合，要吃煮或者炒的。

花生 + 鲤鱼、鲫鱼、猪蹄

有很好的下奶效果，蛋白质含量丰富且全面。

花生 + 红枣

补虚。

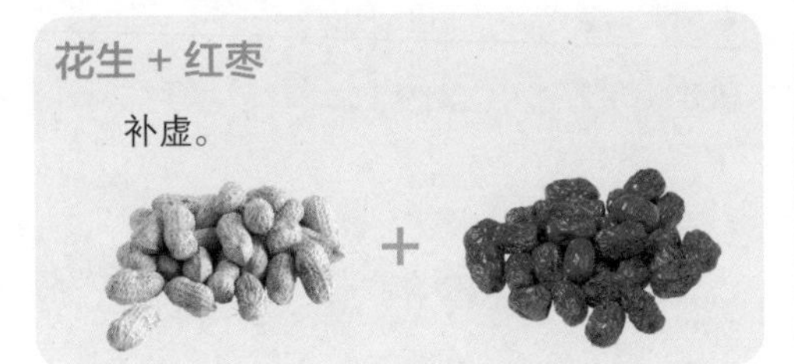

花生 + 芹菜

平肝、明目、降血压。

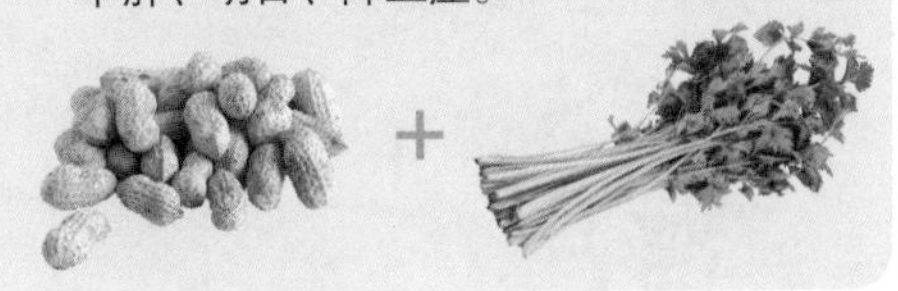

黄豆性平，味甘，归脾、心、大肠经，具有健脾导滞、利水消肿、解毒润燥等功效。

孕期宜吃

黄豆具有解毒功效，《中药大辞典》也记载黄豆可治“妊娠中毒”。黄豆制品如豆腐、豆浆、腐竹、豆腐皮的功效相似。豆浆有独特功效，《中华本草》记载豆浆有治疗先兆子痫和子痫的功效，能更快地降低血压并利水消肿，促进痊愈。孕期适当食用黄豆及黄豆制品对安胎有利。

月子里 哺乳期 少吃

黄豆有催乳的功效，《贵州民间方药集》记载其可“用于催乳”，月子里、哺乳期都可食用。不过黄豆及其制品不容易消化，不宜多吃，《本草纲目》记载：“多食塞气、生痰、动嗽，令人身重，发面黄疮疥。”吃多了会发胖还会长疮、咳嗽。

选购和清洗

黄豆以颗粒大、饱满为好，不能有碎粒。颜色应是金黄的，如果颜色发暗、颗粒干瘪就不是好黄豆，也有可能存放过久了。

黄豆有豆荚包裹，很干净，只要用清水漂洗两遍，漂去杂质、浮土即可。

怎么吃更营养

黄豆 + 鸡蛋

可降低胆固醇吸收率。

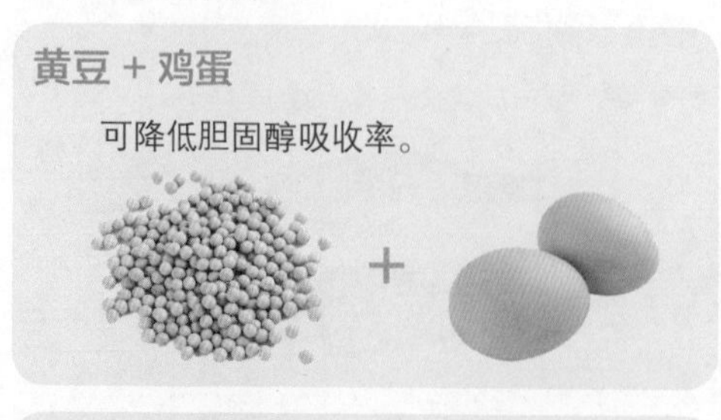

黄豆 + 小米

可提高蛋白质吸收率。

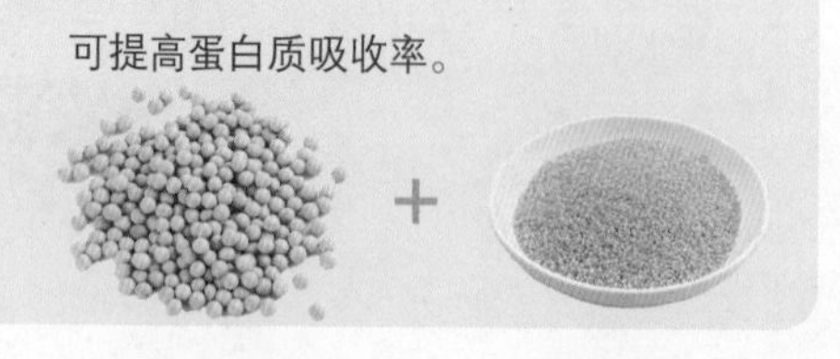

黄豆 + 燕麦

可预防贫血。

黄豆炒茄子

材料： 茄子 200 克，黄豆 100 克，食用油、盐、调料适量。

做法： 1. 把黄豆洗净，浸泡 10~12 小时。

2. 把茄子洗净，切块。

3. 锅中放油，油热时倒入茄块，翻炒。

4. 炒至八成熟时倒入黄豆，翻炒，加适量水。炒熟盛盘，即可食用。

功效： 导滞利水、清热活血。

黑豆性平，味甘，归脾、肾经，具有补血安神、解毒明目、补肾益阴等功效。

孕期 慎吃

《本草纲目》记载黑豆“活血”，《名医别录》记载其“下瘀血”，这是孕期特别忌讳的，建议孕早期不要吃黑豆，如果患有习惯性流产、流产先兆，更不能吃黑豆。体质好、没有特别问题的孕妈妈也不宜吃。

月子里 哺乳期 少吃

《食疗本草》和《本草拾遗》分别称黑豆可治疗“产后诸疾”、“产后诸风”，月子里适当吃黑豆对新妈妈是有益的。哺乳妈妈如果落了月子病，也可吃黑豆改善，但不宜多吃，《本草汇言》记载“少食醒脾，多食损脾”。建议用少量黑豆搭配其他食材，其食疗作用会更好。

剖宫产前 忌吃

剖宫产后，子宫和腹壁有层层伤口，不能受压。食用黑豆容易引起肠胀气，会从内部挤压子宫和腹壁，不利于痊愈，所以剖宫产后不能食用黑豆。

选购和清洗

黑豆也有假货，选购黑豆不能选颜色统一、大小统一的，正常黑豆的大小不均匀，颜色深浅也不同。黑豆一般用自来水洗两遍就干净了，清洗时会有一定程度的掉色，这是正常的。

怎么吃更营养

黑豆 + 红枣、红糖

有补血益气的作用。

黑豆 + 海带

利水解毒、活血功效增强。

黑豆 + 猪腰

补肾强腰、补益气血。

绿豆性寒，味甘，归心、胃经，具有消暑解毒、除烦止咳、健胃利尿等功效。

孕期 少吃

绿豆是消暑解毒的好食材。孕妈妈在夏天酷暑难当的时候适当食用绿豆可消暑除烦，还能解胎毒。但绿豆性寒，吃多了有可能会影响胎儿，让其体质寒凉。

月子里 忌吃

月子里妈妈的体质多数偏虚寒，不能吃绿豆，会妨碍恢复。即使有些新妈妈的体质好，也不建议食用。如果上火了，则可以少量食用。

哺乳期 少吃

绿豆消暑解热，哺乳期不管是宝宝上火了还是哺乳妈妈上火了，都可以吃点绿豆改善。但不宜多吃，以免寒凉伤害宝宝脾胃。

选购和清洗

好绿豆的表面油润、颗粒饱满，没有碎粒和杂质。如果颜色暗淡、大小不均匀、颗粒干瘪、破碎多则不能买。绿豆用水清洗两遍即可。绿豆放入水中后，将浮在表面的撇去，这样的是瘪粒或者被虫吃过的。

怎么吃更营养

不宜去皮

《食疗本草》记载："今人食绿豆皆挞去皮，即有少壅气，若愈病须和皮，故不可去。"要想充分发挥绿豆的功效，不能去皮。

解暑不能过度煮

《遵生八笺》记载："绿豆淘净，下锅加水，大火一滚，取汤停冷色碧食之。如多滚则色浊，不堪食矣。"

绿豆 + 燕麦

能降低血糖，很适合有糖尿病的孕妈妈食用。

绿豆 + 豇豆

解毒、消暑功效加倍。

三豆甜汤

材料： 绿豆 100 克，红小豆 100 克，大豆 100 克，白糖适量。

做法： 1. 以上三种豆用清水浸泡半小时。

2. 开大火煮滚后，收小火煮至豆熟。

3. 最后加入适量的白糖调味即可。

功效： 清热利水、理气活血。

专题 用好食物赶走孕期抑郁

有些食物有振奋精神、消除烦躁的功效，吃了可以让孕妈妈情绪好，远离抑郁，以下食物都有这样的功效，孕妈妈感觉情绪不好时，不妨多吃一点。

全麦面包

全麦面包含有大量碳水化合物，可以增加脑部血清素。血清素是一种神经传递物质，如果缺乏这种物质，人就容易出现紧张、焦虑、失眠、强迫等精神问题。吃全麦面包可以让人精神振奋，有助于对抗忧郁。

香蕉

香蕉含有生物碱、色氨酸和维生素B_6，生物碱可以振奋精神并且能增强人的信心，色氨酸和维生素B_6可帮大脑制造血清素，让精神更清爽。

低脂牛奶

低脂牛奶含钙高，钙是维护神经功能的重要营养，充分的钙摄入可以缓解紧张、暴躁或焦虑感，让人从抑郁中解脱出来。

葡萄柚

吃葡萄柚，身体会制造更多的多巴胺、正肾上腺素等物质，这些物质会令人愉悦。

樱桃

樱桃中丰富的花青素能让人快乐，情绪不好时，不妨吃点樱桃试试。

南瓜

南瓜中的维生素B_6和铁均能帮助身体生成更多葡萄糖，给大脑提供更多能量，让人高兴起来。

菠菜

菠菜中丰富的叶酸也可增加脑中血清素的量，改善失眠、健忘、焦虑等精神症状。

鸡肉

鸡肉中的维生素B_{12}能帮助维持神经系统健康，并消除烦躁不安的情绪，提升食欲和记忆力。孕期情绪低落时，可以多吃鸡肉。

红小豆性平，味甘、酸，归心、小肠经，具有消肿利水、解毒除湿、清热和血等功效。

孕期 慎吃

《本草纲目》记载红小豆“治产难，下胞衣”，并说可“排脓散血”。另外，《本草再新》也称其有利水通经的功效，由此可知其有催产、散血、促进月经通畅的功效，有可能引起流产，建议有先兆流产、习惯性流产问题的孕妈妈不要吃，体质好的孕妈妈食用也需谨慎。

月子里 哺乳期 宜吃

《本草纲目》称红小豆有“通乳汁”的功效，月子里、哺乳期都可以食用，能让阻塞的乳腺管畅通。另外，红小豆能消水通气、健脾胃，非常适合月子里食用。但红小豆不能久吃，《食性本草》说红小豆“久食瘦人”。《本草纲目》也说：“久服则降令太过，津液渗泄，所以令肌瘦身重也。”另外，小便清长的新妈妈和哺乳妈妈都不宜食用。

选购和清洗

红小豆要选颜色鲜亮、颗粒饱满的，颗粒要大小均匀，不能有虫眼。如果红小豆上面有不明小颗粒，可能是虫子的排泄物，不能要。

食用前用清水洗两遍就可以了。入水后漂在水面上的不是好豆，可弃去不用。

怎么吃更营养

不能加盐

烹调红豆时最好不要加盐，不然其食疗功效会大大降低。

红小豆＋鲤鱼

消水肿功效增强。

红小豆＋糯米

可改善脾虚引起的腹泻并消水肿。

红小豆＋红枣

可补心益脾并消肿利水。

蚕豆性平，味甘，归脾、胃经，有补中益气、补脾开胃、涩精实肠等功效。

孕期 慎吃

一般人都能吃蚕豆，但有些人吃蚕豆会过敏，患上蚕豆病，引起溶血，所以，之前没有食用过蚕豆、不知道是否会发生过敏的孕妈妈，不要吃蚕豆。吃蚕豆过敏的孕妈妈也不要吃；吃蚕豆不过敏的孕妈妈可正常食用，蚕豆是一种很好的补钙食物。

月子里 哺乳期 宜吃

如果本身不是过敏体质，月子里、哺乳期能吃蚕豆，可以起到利尿消肿、健脾开胃的作用，有利于新妈妈和哺乳妈妈吸收营养和身体恢复。若有气虚、声音低弱、少气无力的症状，则最好不吃。此外，《本经逢原》记载蚕豆“性滞，中气虚者食之，令人腹胀”，便秘时，因蚕豆有“实肠”作用，会加重便秘，就不要吃了。

选购和清洗

购买时应选豆粒厚实、饱满的。鲜蚕豆要选豆角鲜绿、豆粒饱满的，不要选发黑的。

怎么吃更营养

煮熟食用

蚕豆虽然生吃也有清甜味，但是不要生吃。蚕豆中有一种巢菜碱苷，可引起溶血，如果没有彻底煮熟，会增加发病概率。

蚕豆 + 白菜

可增加抵抗力。

+

蚕豆 + 枸杞子

可清肝去火，适合肝火旺者食用。

其他食物

核桃性温，味甘，归肺、肾、大肠经，具有补肾强腰、润肠通便、补脑益智、温肺定喘等功效。

孕期宜吃

核桃也叫胡桃。孕妈妈一般都会吃点核桃，意在助宝宝脑发育，让宝宝更聪明。其实，吃核桃不止这点好处，《本草纲目》记载核桃“食之令人肥健、润肌、黑须发。多食利小便、去五痔”。但体内积热者不宜多吃，《本草纲目》说：“胡桃性热，能入肾肺，惟虚寒者宜之。而痰火积热者，不宜多食耳。”

月子里 哺乳期 宜吃

新妈妈身体虚寒，适合吃核桃，有温补身体的作用，而且核桃蛋白质含量高、热量高，有利于子宫伤口恢复，也有利于新妈妈消除疲劳感。煮粥的时候可放点核桃碎末，既增加香味又有营养。核桃丰富的蛋白质还能提高奶水质量，为宝宝提供亚油酸，哺乳期也可常吃。

选购与清洗

好核桃的表皮比较平滑，没有那么多褶皱，而且有油润的感觉，握在手里感觉沉甸甸的。除此之外，不要选破壳的核桃。

怎么吃更营养

适量食用

核桃的营养密度高，吃多了不容易消化，容易上火，也浪费，一般每天一两颗就够了。

核桃 + 燕麦

能促进消化，清理肠胃、通便功能增强。

核桃 + 红枣

补气补血，会让妈妈气色更好。

核桃 + 鳝鱼

有净化血液、调节血糖的功效。

桃仁牛奶芝麻糊

材料： 核桃仁 30 克，牛奶 300 毫升，豆浆 200 毫升，黑芝麻 20 克，白糖适量。

做法： 1. 将核桃仁、黑芝麻放小磨中磨碎。

2. 将磨碎的粉与牛奶、豆浆调匀，放入锅中煮沸，再加白糖适量，每日早晚各吃 1 小碗。

功效： 延缓皮肤衰老，润肤养颜。

榛子性平，味甘，归脾、胃经，具有健脾和胃、润肺止咳、益气力、明目等功效。

孕期宜吃

棒子含脂肪量很高，但是多为不饱和脂肪酸，具有降低胆固醇的作用，加上榛子中的镁、钙、和钾等微量元素含量很高，日常食用一些可预防孕妈妈患高血压。榛子中的维生素含量很高，能让孕妈妈肌肤保持润泽。

月子里哺乳期宜吃

月子里和哺乳期都能吃榛子，高含量的蛋白质可促进产后恢复并增加乳汁分泌。不过，榛子口感较硬，不适合月子里新妈妈直接咀嚼食用，打碎煮粥、冲水食用更好。哺乳妈妈每天都可吃几颗。

选购与清洗

榛子要挑个大的，手感沉甸甸的。打开看一下，果仁饱满的可以买。另外，壳上没有木质绒毛最好。摇一摇听声音，能听到很大响声的不能买。

怎么吃更营养

适量

榛子虽然性平，但蛋白质含量高，吃多了也不好消化，容易上火，每天吃榛子不要超过 1 小把。

榛子 + 大米

可健脾胃并提升免疫力。

榛子 + 草莓

可预防贫血。

榛子 + 莲子

可调理身体。

开心果性温，味辛、涩，归脾、肺、经，具有宽中理气、润肠通便等功效。

孕期宜吃

开心果含油脂很丰富，正常体重的孕妈妈只要适量食用，不用担心会发胖。吃开心果还可降低血脂，高血压孕妈妈也可适量食用。另外，开心果的油脂还能促进肠道废物排出，有预防便秘的功效。

月子里 哺乳期 宜吃

开心果富含蛋白质、脂肪，月子里食用对身体恢复有利。但是月子里牙齿松动，嚼硬物易受损伤，可以打粉与其他坚果、米类一起煮糊食用。哺乳妈妈可直接食用，开心果和其他坚果比起来，比较不容易上火。

选购与清洗

开心果要选果仁大的，颜色为绿色的，开口也较大的。果仁颜色如是黄色的，则不新鲜，开口小的是人工夹开的。不要买颜色很白的开心果，是处理过的，要选颜色带点微黄的。

怎么吃更营养

适量食用

开心果不宜多吃，一天一把为好，吃多了就会发胖了。如孕妈妈体重偏轻，也可适当多吃点。

开心果+豆腐

将开心果蒸拌着豆腐一起吃，具有降压、抗衰老的功效。

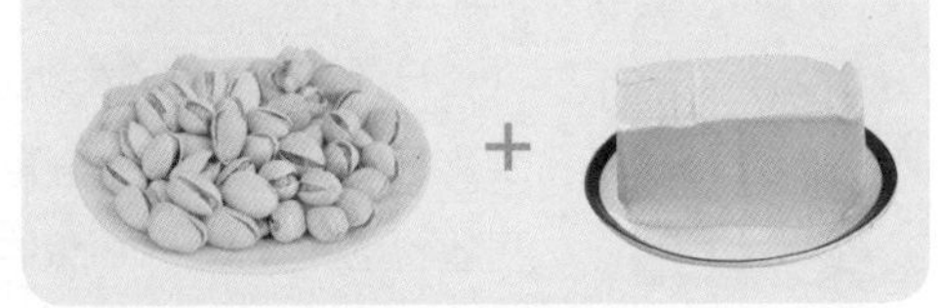

开心果+枸杞子+黄豆

将三者一起打成豆浆喝，有很好的抗衰老的作用。

杏仁

杏仁性温，苦杏仁味苦，有小毒，甜杏仁味甜，无毒，归肺、脾、大肠经。都具有祛痰止咳、平喘、润肠等功效。

孕期 慎吃

甜杏仁可以日常食用，苦杏仁一般做药用。孕妈妈可吃甜杏仁，不要吃苦杏仁。不过，甜杏仁也不宜多吃，特别容易上火，如果体内积热严重，会影响胎儿安定，可能流产。有便秘问题、体质平和的孕妈妈可少吃一点，有轻泻作用，可缓解便秘。

月子里 忌吃

月子里不适合吃杏仁，因为分娩时大量失血，元气损伤了，吃杏仁会加重这种状况，《本草正》记载杏仁“元气虚陷者勿用，恐其沉降太泄”，《本经逢原》记载杏仁“亡血家尤为切禁”。

哺乳期 少吃

哺乳妈妈需要摄入充足营养，体质则比较好，可以吃杏仁，但是也不要吃太多，以免火太大，引起宝宝上火。

白果性平，味甘、苦、涩，归心、肺、肾经，具有敛肺定喘、补气养心、益肾滋阴等功效。

孕期 慎吃

白果有良好的养生功效，但是不宜多吃，《日用本草》记载白果“多食壅气动风”。白果含有毒性较强烈的毒素，食用不当容易中毒，《随息居饮食谱》记载：“中银杏毒者，昏晕如醉”，“食或太多，甚至不救”。孕妈妈吃白果必须谨慎，绝对不宜多吃，最好不吃。

月子里 哺乳期 慎吃

白果有毒性，月子里、哺乳期最好不要食用，以免白果毒素通过乳汁传递给宝宝，有可能会伤害宝宝神经发育。一般煮熟的不超过 10 颗，生的不能超过 3 颗。如果必须食用，请遵医嘱。

板栗性温，味甘，归脾、胃、肾经，具有补肾气、健脾胃、强筋骨等功效。

孕期 少吃

《名医别录》称其“主益气，厚肠胃，补肾气，令人忍饥”。吃板栗顶饿，有助于控制体重，而且有较好的保健作用。不过，板栗不宜多吃，《玉楸药解》也说：“多食则气滞难消，少啖则气达易克耳。”少吃有好处，多吃只有害处。

月子里 忌吃

板栗不容易消化，生的、熟的都不好消化，《本草衍义》说“生者难化，熟即滞气隔食”，所以很多人都不适合食用，月子里新妈妈也在其列。《随息居饮食谱》记载：“外感来去，痞满，疳积，疟痢，产后，小儿，病人不饥、便秘者并忌之。”所以，月子里不适合食用板栗。

哺乳期 少吃

板栗的蛋白质含量比较高，哺乳期可以吃点，不过也不适合多吃，以免造成便秘、上火，间接影响宝宝健康。

选购与清洗

买板栗要选颜色深褐、稍微带点红头的，果壳要坚硬的，无光泽、带黑影、有虫眼的不能买。表壳带毛比较多的，能买；光滑或只带一点毛的，是旧货。板栗不一定要买大的，中等大小的就行，太大的可能口感不好。

怎么吃更营养

板栗 + 鸡肉

可起到补血养身的功效。

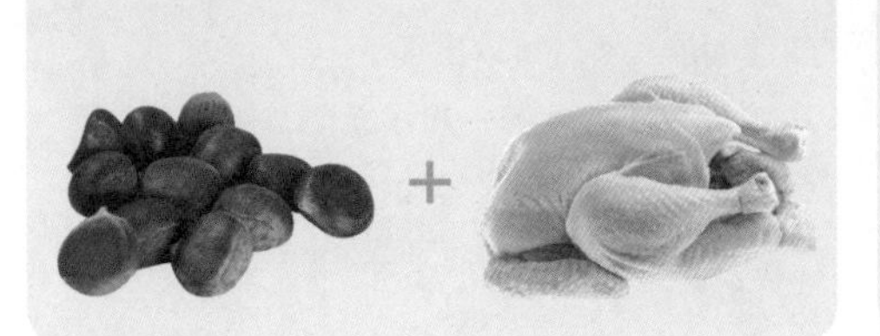

板栗 + 白菜

可去除脸上黑眼圈和斑点。

腰果性平，味甘，归脾、肾经，具有美容护肤、软化血管、消除疲劳等功效。

孕期宜吃

孕妈妈能吃腰果，在孕晚期感觉疲劳时更宜食用，因为腰果中富含维生素 B_1，有助于补充体力、消除疲劳。另外，如孕妈妈体重偏轻，会影响胎儿发育，需要增重，这时候可以适量多吃腰果。但腰果含有多种过敏原，过敏体质的孕妈妈要特别注意，慎吃。

月子里 哺乳期 宜吃

腰果性平，月子里也能吃，而且腰果有催乳作用，哺乳期吃也很好。乳汁分泌不足，可以吃点腰果。另外，《本草拾遗》记载腰果“主治渴、润肺、去烦、除痰”，《海药本草》记载腰果“主烦躁、心闷、痰鬲、伤寒清涕、咳逆上气”，月子里或哺乳期如果总是口渴或者出现情绪压抑时，也可以吃点腰果。

选购与清洗

腰果要选颜色发白，果粒饱满、呈完整月牙形的，不能有斑点、黏手的感觉，否则可能不够新鲜或者受潮了。也要选有芳香味的，但也不能太香了，太香的可能添加剂多。

怎么吃更营养

浸泡

腰果如果是生的，食用前要浸泡 5 小时，浸泡可以减少腰果中的致敏物质。如果怕麻烦就直接买熟的。

腰果 + 西芹

可增强肠胃功能，促进肠胃蠕动。

腰果玉米

材料： 腰果 50 克，芹菜 80 克，玉米粒 80 克，盐少许。

做法： 1. 将芹菜摘洗干净，切成小段。

2. 将玉米粒和芹菜段分别放入开水中焯烫，芹菜段焯烫完要立即过凉。

3. 炒锅倒入适量油，先放入腰果，小火慢慢地炒熟，然后放入玉米粒和芹菜段，加入盐，快速翻炒几下就可以出锅了。

功效： 有排毒养颜、润肠通便、保护心血管、强身健体、润肤美容等作用。

松子性温，味甘，归肝、肺、大肠经，具有补血益气、滋阴润燥、通便滑肠等功效。

孕期宜吃

松子对体弱、体质差的人有很好的补益作用，《日华子本草》记载松子“逐风痹寒气，虚羸少气，补不足，润皮肤，肥五脏”。《本草纲目》记载松子可“润肺，治燥结咳嗽”，孕期有便秘或轻微咳嗽时，都可吃一些松子。但脾虚便溏或痰湿体质的孕妈妈最好少吃松子。

月子里 哺乳期 宜吃

松子强大的补益作用对新妈妈和哺乳妈妈也有好处，如月子里、哺乳期不慎着风受凉了，吃点松子就有食疗作用，《海药本草》记载其“主诸风，温肠胃”。而且，松子含有丰富的不饱和脂肪酸，对促进宝宝大脑发育有良好作用。

选购与清洗

购买时应选大小均匀，颜色为浅褐色的，果实要干的，松仁外面的包衣如果有皱纹且容易脱落就是干的。不要选金黄、深灰或黑褐色，要么被用工业原料加工过，要么变质了。

怎么吃更营养

适量食用

松子属于高蛋白、高脂肪食物，多吃容易发胖，一般每天一小把足够了，不宜多吃。

松子 + 玉米

有助于防癌抗癌。

松子 + 鸡肉

可提升免疫力。

松子 + 红枣

可养颜美容，并减少皮肤病。

葵花子

葵花子性平、味甘，归大肠经，具有降低血脂、补虚损、驱虫等功效。

孕期宜吃

孕妈妈可经常食用一点，对安定情绪、治疗失眠有一定作用。葵花子所含的亚油酸还可降血脂，可帮助预防高血压。注意不要多吃，葵花子中的蛋白质和脂肪含量都较高，吃多了上火。

月子里 哺乳期 宜吃

月子里宜吃葵花子，只是葵花子外壳较硬，不建议直接用牙齿嗑开。建议去壳后加入饭里、粥里、馒头里等食用。哺乳期自然也可食用葵花子，不过不要贪吃，吃多了也上火，会间接影响宝宝。

选购与清洗

葵花子要选颗粒饱满、大小均匀、色泽自然的，可以捏一捏，感觉坚实的就是好的，一捏就瘪的不能买。也可以打开看一下瓜子仁是否足够肥厚。如果葵花子壳很油亮，应该是添加了不健康的东西，不能买。

怎么吃更营养

生吃最好

生葵花子性平，对身体的补益功效也更好。熟后性温，多食易上火。如果能接受，尽量吃生的，之后是吃煮熟的。

葵花子 + 芹菜

可有效降低血脂。

葵花子 + 鸡蛋 + 白糖

有治疗白带异常的作用。

专题 少吃加工食品和饮料

咖啡

阻碍血液运行，刺激中枢神经，对胎儿大脑、神经、心脏发育可能有影响，还会增加流产概率。每天饮用不要超过1杯。

茶

孕早期不要喝，孕中期后可饮用淡茶，浓茶中的茶碱、咖啡因刺激中枢神经，可能对胎儿神经、大脑发育有影响。

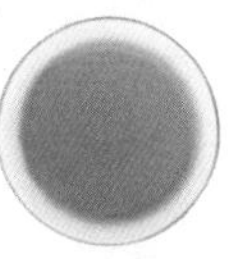

芥末

辛辣食物，影响血液运行，还有可能引起过敏。

咖喱

性热，容易上火，调味料用量不大，可偶尔吃点。

醪糟

含酒精，孕期不适合吃。月子里可适量吃。

油条/炸糕

脂肪含量高，容易引起高血压，且油炸过程中形成很多有害物质。

果脯

盐和糖含量高，容易引起高血压、糖尿病。

豆腐乳

含盐量大，容易引起高血压，不适合多吃。

炸薯片

脂肪含量高，因高温油炸过，有害物质多，易发胖，易引发高血压。

午餐肉/火腿

含盐量大，添加剂多。

糕点

油脂、糖和盐含量都高，容易发胖，引起高血压、糖尿病。

腊肉

经过烟熏、风干，有害物质、附着细菌比较多。

松花蛋

含铅，可损伤胎儿大脑及神经。

冰淇淋

过凉，会影响血液运行，不利于胎盘供血。

爆米花

含铅，会影响胎儿大脑、神经发育，且容易上火。

酱肉

脂肪和盐的含量都较高，浓甘厚味，多食易上火、消化不良。

咸菜/酸菜

含盐量高，还有亚硝酸盐，不健康。

南瓜子性平，味甘，归胃、大肠经，具有利水消肿、下乳、杀虫等功效。

孕期宜吃

南瓜子中丰富的锌可帮助维持皮肤光滑、紧绷的状态，孕妈妈宜吃。另外，南瓜子中高含量的亚油酸可有效控制血糖，对糖尿病有辅助治疗的效果。但也不宜多吃，《本草纲目》称其“多食发香港脚、黄胆”，《本草纲目拾遗》则说“多食壅气滞膈”，吃多了会引起头昏等不适。

月子里哺乳期宜吃

《中国药植图鉴》记载南瓜子“炒后煎服，治产后手足浮肿，糖尿病”，《本草纲目拾遗》记载南瓜子能“杀虫，下乳，利水消肿”，月子里如果乳汁不下、水肿不退可食用南瓜子来治疗。哺乳期乳汁少，可以每天早晚各空腹食用五六颗生南瓜子，连着服用三五天就能见效。

选购与清洗

购买南瓜子要选颗粒大、饱满的，捏一捏南瓜子如果干瘪、不饱满不能买。外壳颜色光泽自然，不能浑浊或有斑纹、带瓤丝、有黑斑，也不能过分光亮、油腻。特别光亮的可能用了化学用品。

怎么吃更营养

手剥壳食用

吃南瓜子要手剥壳食用，不要用牙去嗑，嘴唇接触到南瓜壳，有可能引起嘴角糜烂。

饭前饭后吃

饭前饭后吃南瓜子可以刺激消化液不断分泌，对促进消化有好处。

南瓜子 + 槟榔

南瓜有驱虫作用，搭配槟榔，研末口服，能驱蛔虫和钩虫。

南瓜子泥

材料： 南瓜子仁 15 克，白糖适量。

做法： 将南瓜子仁捣烂成泥状，冲入适量沸水，加入少许白糖调味即可。

功效： 适用于产后缺乳，有生乳之效。

香榧子性平，味甘，归肺、胃、大肠经，具有润燥通便、杀虫消积、润肺化痰、滑肠消痔等功效。

孕期慎吃

孕妈妈忌吃香榧子,《本草再新》称其有“去瘀生新”的功效，对胎儿有一定的威胁,《中药大辞典》记载:“日本产榧子含生物碱，对子宫有收缩作用,民间用以堕胎。”因为孕妈妈自己很难分辨香榧子的产地、品种等，最好不吃。

月子里 哺乳期 宜吃

香榧子有去瘀生新、促进子宫收缩的作用，能帮新妈妈加速排出子宫内瘀血，促进子宫恢复。另外，香榧子的油脂含量非常高，润肠作用很好，如果月子里患痔疮，可适当食用。但是有腹泻、大便溏薄、痰黄或者咽痛的新妈妈不能食用。香榧子的蛋白质含量高，油脂都是不饱和脂肪酸，哺乳期食用可提升奶水质量。

选购和清洗

香榧子要选两头尖、像橄榄的，又脆又香，是好品种，不要选圆形的。另外，个头大的营养更丰富，而且外表颜色要自然，大小均匀。可以剥一颗看看，果壳薄，很容易剥开，而且壳肉分离的值得买。

怎么吃更营养

适量食用

香榧子的脂肪含量高，吃后有饱腹感。吃多了影响其他食物的摄取，不宜多吃。而且，吃多了会引起腹泻。一般一小把足够了。

直接吃

很多人选择直接吃香榧子时都会用牙去咬它的硬壳，这样对牙齿有损伤，其实香榧子两端具有“香榧眼”，只要往此处用力一挤，就能吐出果仁来，直接食用即可。

单独炒

单独炒熟香榧子，细嚼后咽下，能够治疗绦虫病。

燕窝性平，味甘、咸，归脾、肺、肾、心经，具有滋阴润燥、益气补中、止咳定喘等功效。

孕期宜吃

《本草再新》记载燕窝大补元气、润肺滋阴、引火归源、滑肠开胃。肺好，皮肤就好，有助于孕妈妈预防妊娠斑、妊娠纹等。燕窝所含蛋白质具有生物活性，滋补作用很好。但其致敏性比较高，过敏体质的孕妈妈应慎吃。感冒期间忌吃燕窝，不利于康复。

月子里 哺乳期 宜吃

月子里宜吃燕窝，燕窝补而不腻，没什么副作用，《本草求真》说燕窝“入肺生气，入肾滋水，入胃补中，俾其补不致燥，润不致滞”，所以，虚劳时食用燕窝，都能获得不错的效果。哺乳妈妈的消耗很大，很适合吃燕窝。

选购与清洗

假燕窝较多，最好选质量信得过的品牌。真燕窝的外形就是窝的样子，具有规则、明显的丝状结构，手感顺滑，不黏腻，味道比较清淡，不浓烈。燕窝需要泡发，冷水泡发后过水二三遍就基本干净了。

怎么吃更营养

小火隔水炖

将泡发好的燕窝放入碗或炖盅中，加入温水，水开后，把碗放入，转小火炖 1 小时左右，在保证口感的同时，营养能全部析出。

单独炖

燕窝单独炖，营养能被保留更多，炖好后可以与其他炖好的食材混合，比如冰糖、鸡汤等。

燕窝乳鸽羹

材料：乳鸽 1 只，燕窝 50 克（干品），冰糖 60 克。

做法：1. 将燕窝用温水泡至膨胀，去除杂毛。

2. 将乳鸽去毛及内脏，剔骨，切成块。

3. 把整理好的燕窝、乳鸽块和冰糖一起放入锅内，加入适量清水煮开，再小火慢炖至鸽肉熟烂即可。

功效：养气血、补益美容。

枸杞子性平，味甘，归肝、肾经，具有滋补肝肾、益精明目的功效。

孕期 宜吃

枸杞子的补血效果很好，《重庆堂随笔》记载枸杞子“专补以血，非他药所能及也”，适量食用，可帮助孕妈妈预防贫血，尤其在孕中晚期，血容量增大之后可常吃。枸杞子对患妊娠贫血者还有辅助治疗的功效。不过，《本草经疏》认为“脾胃薄弱，时时泄泻者勿入”，脾胃虚寒，经常腹泻的孕妈妈还是不吃为好。

月子里 宜吃

《食疗本草》记载枸杞子“坚筋耐老，除风，补益筋骨，能益人，去虚劳”，新妈妈刚经历过分娩，肌肉、筋骨、关节都有所松弛，体质为虚劳状态，吃点枸杞子可全面提升体质。另外，枸杞子所含的叶黄素、玉米黄素、胡萝卜素，可预防眼干、眼涩，新妈妈在孕期用眼过度、眼部不适时，可吃点枸杞子。

哺乳期 少吃

食用枸杞子可以帮助哺乳妈妈保持好体质，去虚劳，不过不宜多吃，多吃上火。

选购和清洗

枸杞子要选颜色略黑的，不能太红，也不能有刺鼻味道。另外，枸杞子不能黏手、结块，味道应甜中带苦、籽少就是好枸杞子。

将枸杞子用冷水快速冲洗一遍即可，如果没有杂质也可以不冲洗。

怎么吃更营养

泡水吃枸杞子

枸杞子如果泡水饮用，喝完水后要把枸杞子咀嚼吃掉，有些营养不溶于水，不吃枸杞子就浪费了。

炖煮不能太长时间

炖汤时加枸杞子不要太早，以免有些营养遇高温流失，在汤快炖好时加入即可。

莲子

莲子性平，味甘、涩，归心、脾、肾经，具有养心益肾、补脾涩肠、解热除烦等功效。

孕期 宜吃

《本草纲目》称其“交心肾，厚肠胃，固精气，强筋骨，补虚损，利耳目，除寒湿”，孕妈妈可以食用，但不要吃太多，因为其涩肠，容易引起便秘。

月子里 忌吃

莲子不易于消化，肠胃功能比较弱者不适合食用，月子里也不适合吃。《随息居饮食谱》记载：“凡外感前后，疟、疸、疳、痔，气郁痞胀，溺赤便秘，食不运化，及新产后皆忌之。”

哺乳期 少吃

莲子可降火，上火了可以吃点，但不要作为日常食物食用。吃太多莲子影响脾胃吸收营养，会影响奶质。

百合性寒，味甘，归心、肺经，具有清心除烦、养阴润肺、止咳清痰等功效。

孕期 宜吃

百合的药用功效甚于食材，孕期体质偏热，容易上火、心烦，吃点百合可清火、除烦。如果咳嗽，食用百合有食疗作用，并兼有补益功效，《纲目拾遗》记载其可“清痰火，补虚损”。注意：如果体质虚寒、经常腹泻，就不能吃了。

月子里 慎吃

百合性寒，不适合月子里食用。月子里有些疾病适合用百合治疗，《日华子本草》记载百合可治疗“乳痈”及“产后血狂运”。注意：用百合入药治病，必须经过中医诊断，对症用药。

哺乳期 少吃

哺乳期上火了，可以用百合煮粥、煮汤食用，但是平时不要吃，以免其寒凉影响宝宝肠胃。

奶类、奶制品的饮食宜忌

牛奶

优点：1.性平，有润肤、解热毒的功效，孕妈妈饮用可预防妊娠斑。

2.有补虚弱、养心血的功效，哺乳妈妈在月子里饮用很有益处。

缺点：1.痰湿积饮、经常腹泻者忌服，不利于除湿除痰。

2.对牛奶蛋白或者乳糖不耐受的孕妈妈不能饮用。

羊奶

优点：1.性温，补寒冷虚乏，更适合月子里饮用。

2.有治疗干呕及反胃功效，孕早期适合饮用。

缺点：1.性温，容易上火，内有积热的孕妈妈不适合饮用。

2.气喘者不能饮用。

酸奶

优点：酸奶由牛奶发酵制成，营养价值有所增加，营养吸收率有所提高，比牛奶更适合孕妈妈和新妈妈。

缺点：酸奶大多需要冷藏保存，直接拿出饮用有伤脾胃，建议在室温下放几分钟饮用。月子里的新妈妈还应该用热水泡泡，但是一些活性物质会被破坏。

奶酪

优点：奶酪由鲜奶发酵、干燥制成，营养价值更高，密度增加较多。

缺点：比较硬，咀嚼难度较大，不适合牙龈出血的孕妈妈和月子里的新妈妈食用。

无论吃什么，
妈妈一定要谨记“过犹不及”。